修身顯瘦・釋放痠痛の不動零位訓練

「不運動」體態也可以很曼妙?矯正八大萎縮部位,
讓身體回到中心位置,痠痛消失、輕盈體態

石村友見 著
蔡麗蓉 譯

【不動】

1. 靜止不動。
2. 不會因外力移動。不受動搖。

——資料引用自《大辭泉》

信天翁即便不拍動羽翼，依舊能飛行數千公里遠。運用「動力翱翔」的獨特滑行技巧，展開雙邊達三．七公尺長的巨型翅膀，迎風上昇，順風加速，飛翔姿態著實優雅。

傳聞鳥類的羽翼愈巨大飛得愈高，相對「拍動翅膀」所需的能量也愈大。經常拍動巨大翅膀，須消耗更多能量，甚至精疲力盡而無法維持生命。因此，信天翁才學會「不動」羽翼也能持續飛翔的方法。

「信天翁」一名的由來，是由於當初牠們對人類警戒心薄弱，才因此得名。牠們在天空中的滑行能力，堪稱飛行生物第一把交椅，所以如此稱呼牠們似乎有些失禮，因而英文名稱才叫作「Albatross」。

信天翁幾乎一輩子都在海上度過。屬於夏季棲息於白令海及阿拉斯加周邊，一到冬天才會飛抵日本近海的「候鳥」。其壽命約二十年左右，美國中途島環礁國立野生動物保護區內，甚至生存高齡六十六歲的信天翁，在科隆群島上，也有六十三歲還產卵的信天翁。

信天翁不但能優雅地遠距離飛行，而且還很長壽。

如果牠們必須拼命拍動羽翼飛行，那麼「遠距離」還有「優雅」，以及「長壽」這幾點理應無法兼顧才是。

有一種鳥名叫「蜂鳥」，屬於重量不及二十公克的小型鳥類，正好與信天翁形成對比。牠們在一秒內最多會拍打翅膀高達八十次，藉此才能「懸停」，像直升機一樣停留在半空中的位置，以便吸取花蜜。

蜂鳥的壽命為三年，最長也只到五年左右。

壽命短暫，當然體型小也是影響因素之一，不過或許也和那樣激烈地拍動羽翼消耗龐大能量，有著密切關係。

「不動羽翼飛行」的信天翁，與拼命「拍動翅膀飛翔」的蜂鳥，二者的壽命以及飛行距離，實在有著雲泥之別。

「人生百歲時代」這句話流傳已久，想要「長久且優雅地」生活下去，我們從信天翁身上獲得哪些啟發了呢？

我上一本著作《修身顯瘦の零位訓練》中有句標語寫道：

「宛如生出羽翼般輕盈起來」。

接下來在本書，我希望大家將焦點投注在「羽翼拍動方式」上。想效法信天翁迎風上昇，優雅滑行空中，「如何打造合適體格」呢？關鍵就在於「不動」。

Contents 目次

參章

「不動零位訓練」的優點與事前準備

肆章

立即實踐！不動零位訓練

終章
回歸身心的「零位」

零章

「不動」代表的意義

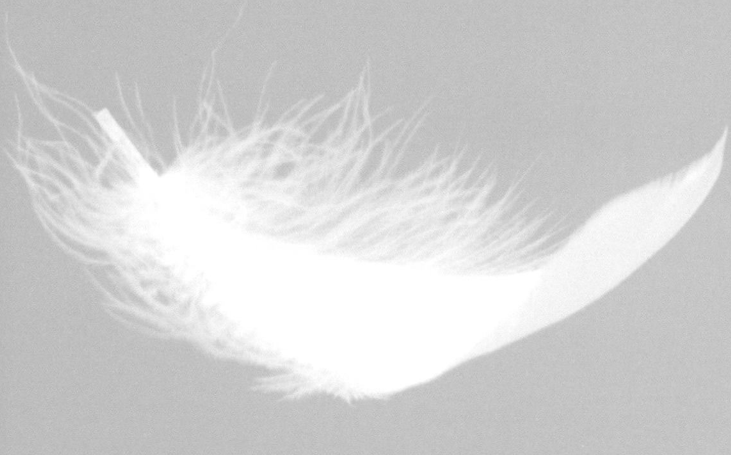

「動」不一定代表「好」

不論在工作上，或是在人生中，「動」被視為好事，「不動」總被人當作壞事。這點理論同樣會套用於健康上。「缺乏」運動，就會被大家看作是十惡不赦。

究竟事實果真如此嗎？

這般基本的議題，長年累月爭論不休。

話說的沒錯，「活動」身體有助於維持健康。我自己也會做瑜伽，或是上健身房流流汗，還會在紐約街上散步。每次邊聽音樂邊走在路上，情緒也會高揚起來，有時還會浮現各式各樣的創意靈感。做完訓練後，時常感覺心情自在又舒暢。

但在另一方面，**假使身體的「活動方式」不正確，別說對身體「有益」了，「危害」身體的風險恐怕步步近逼。**

不知道大家身邊，有沒有人因為跑步，或是做伸展操、瑜伽這類的運動，導致身體疼痛呢？

例如頸部痠痛，於是單做將頸部向後用力彎這類的伸展操，以致於壓迫到動脈，造成嚴重意外。甚至於有些人在朋友邀約下開始慢跑，結果膝蓋受傷，或是引發心肌梗塞。

還有人為了身體健康參加瑜伽課程，沒想到竟傷到腰，因此不得不暫時「靜養」。我長年來都在紐約從事瑜伽教學工作，在課堂上為了「避免學員受傷」，花費了不少苦心。

為了「身體健康」才開始投入肌肉訓練、慢跑、伸展操及瑜伽等運動，卻反過頭來搞壞身體的大有人在，這樣根本是賠了夫人又折兵。

母親開始排斥「外出」的原因

每一個人都一樣，「運動」不一定會安插在每天的日常生活當中。譬如工作很累回到家的那一天，或是忙於家事、育兒的日子，會「不想動」其實很正常。

當你出現腰痛或膝痛的情形，無論醫師如何再三叮嚀「要適度做運動」，事實上還是很難做得到。曾經閃到腰的人，一點小動作也會害怕腰又會「出狀況」；罹患退化性膝關節炎的患者，光是在車站內上下樓梯就是件苦差事。

歸根究柢，對於高齡者、受疾病所苦的人、手腳不方便的人來說，「活動」身體本來就不是件簡單的事。

有很多期盼「所愛的人」身體能夠好轉，因而前來向我諮詢，例如：

「我父親的肩膀抬不起來，一直深受其苦，請問有沒有什麼適當的零位訓練，能介紹給我父親做做看呢？」

「自從我母親在幾年前腦中風之後，雙腳就動不了了。不知道有沒有什麼運動，能夠稍微改善她這種現象呢？」

我母親在幾年前，突然幾乎大門不出二門不邁。當時我人在紐約生活，壓根兒不知道發生了這種事，後來向我父親問清楚來龍去脈後，著實震驚不已。某一天，我打電話問我母親原因，結果她這麼跟我說：

「因為我不想讓別人看到我彎曲的背部。」

母親自年輕一直很努力工作，沒想到竟然因為久癒不治的感冒，導致背部彎曲，害她看起來變得像「老太婆」一樣。當時，我的母親才六十八歲。

長年深受肩痛或腰痛所苦的人、腦中風後單腳無法自由活動的人、還有我那不希望自己的模樣被人瞧見，因而鬱鬱寡歡的母親，要這些人「適度做運動」，如此不負責任的話我說不出口。

有沒有什麼方法，能夠盡量「不動」身體，又能「保養」身體呢？

有沒有什麼方法，是任何人都能安全無虞想做就做呢？

這樣的問題引起了我的注意，最後才讓我鑽研出「不動零位訓練」。

「不動」的涵義

我在二〇一八年推出了第一本著作：《修身顯瘦の零位訓練》，感謝大家的支持，榮登熱銷超過八十六萬本的暢銷作品，受到眾多媒體爭相報導的同時，事實上也有許多讀者紛紛身體力行。

當初寫這本書的主要目的是為了「減肥」，沒想到卻有非常多實際執行過後的讀者，與我分享說他們「腰痛消失了！」「肩膀變輕鬆了！」「便祕解除了！」

原本我研發零位訓練的最大目的，是希望幫助大家「身體健康」，能夠「身體舒適」，不會感到疼痛及疲累，並擁有「強健體魄」，度過人生百歲時代。我單身遠赴紐約歷經十三年研究、開發出來的零位訓練，目的就是為了打造出這樣的身體。

我曾經夢想零位訓練能夠推廣至全世界，幫助更多人身體變健康，所以如今能夠踏出這一步，實在備感榮幸。

只不過，現在這樣並非終點，頂多只能算是「Beginning」——起點而已。我希望零位訓練能「自然而然」地滲透日常生活之中，讓多數人都能擁有「宛如生出羽翼般輕盈起來的身體」過生活。

我想讓零位訓練更加普及。
我希望每一個人都能輕鬆實踐。
我期盼身體輕盈後，心也能輕快起來。
就是在這樣的想法影響下，才讓我開始著手研究「不動零位訓練」。

「不動」的意思，翻閱辭典後內容如下所述：

1. 靜止不動。
2. 不會因外力移動。不受動搖。

零位訓練中的「零位」，是指「Zero Position」的Zero。**身體各部位會隨著年齡增長而萎縮，讓這些部位回歸原始正常（零位）位置的訓練，就是零位訓練。**藉由零位訓練，可使人擺脫痠痛、疾病、疼痛、疲勞、不適，甚至能讓「心」，也回復到平靜的零位。

「不動」意味著「不會因外力移動、不受動搖」，這句話解釋了零位訓練的精神，同時另一個簡單含意「靜止不動」，正好說明了「零位」。

不動——靜止不動。

這幾個字，正是零位訓練更加進化的關鍵詞。我體悟到這一點，才開始了「不動零位訓練」的研究。

先解決身體「萎縮」的問題

想讓身體一直都能想怎麼動就怎麼動，改善身體的「萎縮」現象勢在必行。

當你來到街上觀察路人，一定會發現很多人都是頸部前傾、後背彎曲。隨著年紀增長，頸部前側萎縮之後，頭部就會開始往前傾，肩膀受此拉扯之下，則會往內縮形成「圓肩」，甚至背部也都會逐漸弓起來。

這樣一來，不管去給人按摩多少次，肩膀痠痛的問題依舊無法改善，每天生活都會經常感到腰痠無力。身體會疼痛、無力，就是因為「**身體萎縮導致姿勢惡化**」，不加以改善的話，無論做再多運動，對身體還是一點「幫助」也沒有。因此首要之務便是改善「萎縮」現象，改善之後，再來活動身體。

本書為了讓大家擁有健康的身體，無論你今年幾歲，都能幫助大家一一改善下述

「八大問題」。

1. **頸部前傾**……頸部朝斜前方突出的狀態。
2. **圓肩**……雙肩往內縮的狀態。
3. **腋下萎縮**……腋下縮起來且手臂變短的狀態。
4. **駝背**……背部弓起來的駝背狀態。
5. **彎腰弓背**……腰部挺不直，弓起來的狀態。
6. **髖關節內縮**……髖關節往內緊靠，且臀部攤平的狀態。
7. **膝蓋彎曲**……臀部往後，膝蓋彎曲的狀態。
8. **腳趾抓地**……腳趾彎曲，縮在一起的狀態。

改善這「八大問題」後，姿勢將戲劇性改善，使你擁有不易受重力影響、輕盈的身體。許多長年飽受肩膀痠痛、腰痛及膝痛等症狀所苦的人，皆獲得改善，且內臟機能回復正常，腸胃充滿活力，更有人反應：「便祕居然神奇地改善了」。甚至有些人根本沒打算減肥，沒想到身材也變好了。

實現這些夢想的方法，唯有「不動零位訓練」。躺著擺出「某種姿勢」，接著只需靜止不動，就能一步步明顯改善「八大問題」。而且是完全「不動」，所以不容易受傷又安全無虞，精疲力盡的那幾天，也能輕鬆執行。

此外，最重要的是感覺「很舒服」。沒錯，「不動零位訓練」的最大特色，就是「很舒服」。不動零位訓練是讓身體委由重力逐步伸展，只要你做過一次，保證你會感覺實在舒服得不得了，讓人「隨時隨地都想一做再做」。而且做完後那種通體舒暢的感覺，也會叫人念念不忘。

宛如信天翁「不動」翅膀優雅滑行一樣，讓你消耗最少的能量，輕鬆入手強健的體魄。

百聞不如一見。馬上來為大家介紹「不動零位訓練」的其中一種作法。零位訓練能讓你在早晨醒來的瞬間，穿著睡衣躺在床上直接做完之後，愉悅地度過這一天。

壹章

一早就快活的「不動零位訓練」

早上起床時，是「舒服地」醒來嗎？

「最近這三十天內，你有幾天早上是舒服地醒來的呢？」

前些日子，我向前來參加零位訓練體驗活動的來賓，提出上述問題之後，有位來賓這樣回答我：

「石村老師，別說最近這三十天了，我這一年來，從來不記得有哪天曾經舒服地睡醒過……。」

其他人聽到這番言論後，也開始你一言我一語，分享早上起來有多不舒服的經驗。

「起床那一瞬間，腰部和頸部都會痛，而且得經過二小時左右，這些疼痛才會消失……。」

「睡愈久肩膀愈痠痛。會不會是枕頭不適合我……？」
「爬起來想走路時，腳跟竟然痛得不得了……。」
「睡醒後總是覺得睡不飽，根本爬不起來，會很生氣地將窗簾用力拉開。」
「不管睡再久還是覺得累。可以的話，真想一直躺在床上……。」

大家在迎接早晨到來的同時，都像這樣伴隨著疼痛、倦怠及疲勞。原本早上理應藉由前一晚的放鬆休眠，使疲勞「歸零」，神清氣爽地張開眼睛，卻沒料想會出現這種反效果。

起床瞬間會覺得疼痛或疲累，其實是有原因的，因為人體在睡眠期間會不斷萎縮。大部分的人，並不會用「良好姿勢休眠一整晚」，所以才會造成身體某處在睡眠期間飽受負擔。

當你睡著時頸部向右傾，頸部右側就會呈現緊縮狀態，因此會覺得「落枕了」，或是感覺右肩無力。

如果是用側睡的方式，弓著背睡覺的話，腹部、胸部以及頸部等身體前側會逐漸縮起來。由於腰部會固定在彎曲的狀態度過一整晚，因此將對身體造成相當大的負擔。

睡醒時，一般都會想要「伸懶腰」，這就是潛意識中想要改善這種狀態。

當你是仰躺著手掌朝下（床）睡著時，肩膀會往前移動，呈現「圓肩」的狀態。這樣一來，胸部及腋下則會縮起來，早上起床時將發生「手臂舉不起來」的情形。

身體的「萎縮」，以專業術語來說稱之為「拘縮」，意指失去伸展性的狀態。人類的身體經常會發生這種拘縮現象，肌肉及關節會萎縮，因而動彈不得。**如同用釘書機，將萎縮彎曲的肌肉及關節給「釘」起來了。**

上了年紀之後，例如藉健檢機會測量身高時，常會發覺**「身高比以前矮」**，這種現象其實就是身體萎縮了。老人家身高縮水，也是同樣道理。

還有「早上身高和晚上不同」，這種情形也會頻繁發生。

自早上起床那一瞬間感覺疼痛、疲勞，撐著這樣的身體度過一天，如此生活根本不會舒適愉快。

「美好的一天，應始於神清氣爽地晨起離床」，這般狀態，肯定比較理想。說實話，想要實現這種理想狀態，並沒有那麼困難。現在馬上為大家介紹一種在床上進行的「不動零位訓練」。

「早晨一分鐘的零位訓練」，能讓你的疼痛與疲勞轉眼間歸零。說不定你會覺得很舒服，進而做上癮喔！

只需要藉由這個姿勢，就能使睡眠期間萎縮起來的身體回復原狀（零位），讓你能舒適自在地展開一天。這不是在運動，只是單純擺好姿勢「不動」而已，所以睡醒時也能輕鬆做。

將手臂伸出床外，藉此使往內縮的肩膀舒暢地向外打開，回到原本的位置，與此同時，頸部、胸部等部位也能回到原本的位置。將立起來的膝蓋，往伸直手臂的反方向倒下去，藉此讓萎縮的腰部、背部、髖關節也能用力伸展，回到原本的位置。

下頁起，將用照片搭配說明為大家好好介紹。

一早就快活的「不動零位訓練」

首先，請仰躺在床的左邊，左膝立起，再將右腳跟靠在左膝上。

其次，將左手臂伸出床外，雙膝往右側倒下去。維持這個姿勢，靜止不動三十秒鐘。

接下來將身體換個方向，擺出和剛才相反的姿勢，靜止不動三十秒鐘。合計做一分鐘。

30 秒

肩膀藉由重力隨意打開，腰部也要伸展開來。

另一邊的姿勢也是一樣。

註：手臂會感覺麻麻的時候，請停止動作。

在僅僅三行文字當中，就提到三次**「回到原本的位置」**這句話，這點正是零位訓練的精髓。使身體萎縮的各個部位，回到原本（零位）的位置，所以才叫作「零位訓練」。而且這套「不動零位訓練」，是**擺好姿勢後，再讓身體順應重力保持不動即可，所以作法很簡單，總之感覺「很舒服」是它的一大特色。**

曾經說過「我這一年來，從來不記得有哪天曾經舒服地睡醒過……」這句話的學員們，當我教他們如何做這套零位訓練之後，大家似乎二話不說隔天早上就試著去做了，後來很多人都捎來了他們的感想。

「老師！我已經有好幾個月不曾像這樣，早上起來就能舒適自在地度過一天了！」

「真的感覺超舒服的，一分鐘實在太短了，好想一直做下去呀！」

「感覺舒服」才正確！

先前我曾經上過一個電視節目，有個企劃是讓藝人挑戰為期一週的減肥生活，這位藝人本身患有所謂的「五十肩」，近二年來手臂都沒辦法往上伸直，一直深受其擾。

後來這位藝人的肩膀發生了「異變」，因為當時我在錄影現場第一次親自指導她做了零位訓練。原本她向我反應手臂總是舉不起來，經過我的指導，同時請她做零位訓練之後，才過了僅僅三十分鐘左右的時間，她的手臂就能往上伸直了。現場感到最驚訝的，無非就是她本人。

「怎麼可能？石村老師，妳到底做了什麼？之前我去看過醫生都治不好的，而且做完後居然這麼舒服！」

節目企劃的主要目的，是計畫「做一個禮拜的零位訓練使腰圍變小」，這位藝人當然也順利達成了這部分的目標，不過最令她開心的是，長年困擾她的五十肩獲得了改善。

她口中的「做完後居然這麼舒服！」這句話，正是零位訓練的精髓。長年以來，肩膀、頸部及腰部不斷萎縮，沉甸甸地壓在身上，現在用力伸展後，逐漸回歸到零位的位置，所以當然會覺得「很舒服」，完全就像「卸下肩上重擔」一樣。

本書為大家介紹的「不動零位訓練」，又再進一步琢磨這種「舒服的感覺」，完全不會出現勉強伸展，靠別人推壓的「不悅感」。擺好姿勢後，直接靜止不動即可，萎縮的部位就會「很舒服」地順暢伸展開來。

唯有「愉悅」，不能「不悅」，才是調整身體的正確作法。

貳章

「良好姿勢」才能獲得健康

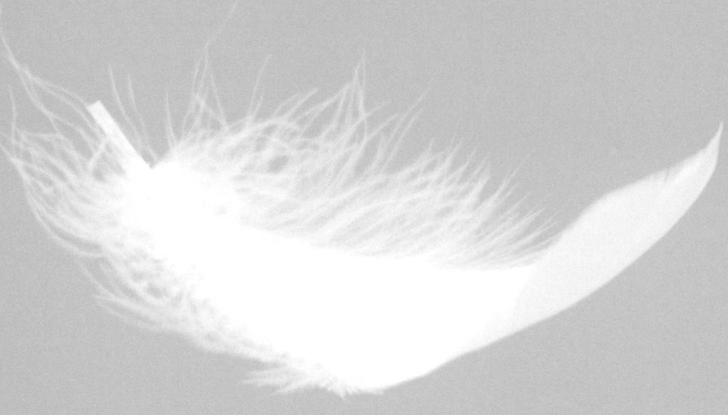

正姿後「活力」立即湧現

我曾經是名舞台上的女演員，因此習慣去「觀察」不同人的站姿、走路方式、表情以及身體的一舉一動。

充滿威嚴的人，會怎麼坐呢？
人在悲傷時，肩膀會怎麼動呢？
回想起過去的當下，視線會看向何方呢？

演員都會透過這類的觀察，一步步磨練自己的演技。
話說，**在飾演「健康的人」與「不健康的人」時，最大的差異便在於「姿勢」**。
當然，諸如表情以及身體的動作，各方面都不一樣，不過只要將重點放在背部弓起來、稍微低下頭去，整體感覺就會有別於健康的人。

比方說，在醫院裡推著點滴架的患者，就不會出現「抬頭挺胸、昂首闊步」的姿態，背部總是會弓起來。

深受慢性腰痛所苦的人，大致上都是駝著背。

反觀身體健康的人，往往是姿勢優良、視線朝上、精力充沛。

姿勢並非只和「身體」有相互關係，姿勢也會對「內心」帶來巨大影響。

神清氣爽的時候，人走路並不會低著頭，悲傷時也不會有人抬起頭走路。心情好時姿勢優良，沮喪時背部往往容易弓起來。

俗話常說，悲傷時要用「面帶笑容」的方式欺騙大腦，藉此緩和悲傷，不過我感覺，**「姿勢」似乎也具有誑騙大腦的能力。**只要改善姿勢，活力就會湧現。

她不再「膝痛」的原因

身體不會疲勞、倦怠、痠痛或畏冷的話，確實通體舒暢。不過我相信，大多數的人，身體無法維持在舒暢的狀態。許多人「一大早起床那瞬間就開始感到疲累」，而且隨著年齡增長，身體總會有「某個地方」不是會痛，就是感覺沉重。

之前我有一位女性朋友來家裡玩，她跟我提到自己「膝蓋」的困擾。她自從過了四十歲開始，右膝就會痛，上醫院求診後，醫生告訴她：「這是一種老化現象，請妳開始做一些能幫助膝蓋周圍長出肌肉來的運動。」聽說她深受打擊，「完全沒想到才剛過四十歲，就出現老化現象了……」。

對她來說，最麻煩的是必須「做運動」這件事。

和年輕時候相比，她的確是胖了不少。她自己也明白，膝蓋周圍如果能長出肌肉，肯定可以保護患部。但是……，畢竟是膝蓋會痛，所以沒辦法長時間健走，也無法做屈伸雙腳這類的肌肉訓練。

她向醫生反應之後，據說醫生建議她：「也可以去水中健走。」醫生說的沒錯，在水中健走就可以減輕膝蓋的負擔了。但是對我這個朋友來說，上游泳池實在舟車勞頓，況且她似乎也不想被左鄰右舍看到她穿泳裝的模樣。

她不時擔心膝蓋的問題，然後用懇求的眼神向我求救。

「友見，我該怎麼辦才好……？」

我想幫她檢查膝蓋的狀態，於是請她仰躺下來（為什麼要她仰躺下來，原因後續再詳細解說）。

結果我發現，她的左腳比右腳稍長一些，於是我教她做了一組「不動零位訓練」的動作。做訓練的時間，我記得大約費時五分鐘左右。

做完訓練之後，我催促她「站起來看看」。等她站起身，呈現直立姿勢後，她瞬間抬起頭，滿臉「疑惑」的表情，緊接著發出了驚嘆聲。

「怎麼會……？不會吧？太神奇了——！」

「怎麼了？」

「真不敢相信。我的膝蓋感覺好輕盈！這是怎麼回事？」

「妳走幾步看看。」

「嗯，我走走看……，奇怪了，不會痛耶！友見，妳做了什麼？」

我教她做的，就是「矯正膝蓋彎曲的零位訓練」（參閱第一四〇頁）。她的右大腿肌肉萎縮，右膝才會受到拉扯，進而導致彎曲，所以才會覺得痛。因此必須解決右大腿萎縮的問題，伸展彎曲的右膝。這時候進行「矯正膝蓋彎曲的零位訓練」，就能消除左右腳的差距。

做完這個訓練之後，**她的右膝拉直了，重心位置回到「身體的正中央」，姿勢獲得改正，所以右膝的負擔變小了。**

做「矯正膝蓋彎曲的零位訓練」時，切記要利用牆壁和抱枕來進行，詳細內容請參考第一四〇頁的解說。

做「矯正膝蓋彎曲的零位訓練」時，要利用牆壁和抱枕來進行，詳細內容請參考第 140 頁。

你的肩膀上坐著「一〇一忠狗」嗎？

我想藉由本書，傳達給各位讀者的觀念，其實只有一點。

「良好姿勢，才能獲得健康的身體。」

我想說的，只有這句話。因為姿勢良好的話，加諸在身上的重力少，負擔才會小。

請大家回想一下游泳時的「跳水比賽」。選手從跳臺上，翻騰轉體數圈後躍入泳池，入水前的姿勢如能朝向泳池呈現「筆直」、「垂直」的狀態，身體接觸到水的面積極小時，水花不太會飛濺，水的抵抗力就少。

反觀入水姿勢傾斜的話，水接觸到身體的面積變多，水花將大量噴濺，全面承受水的抵抗力，這樣一來，就會遭受扣分。

老實說，在陸地上站立時，也會發生同樣的情形。請大家試著將水花想像成「重力」，如能對著地面垂直站立，身體承受的重力會最小，身體各部位便不會感到負擔。反觀當頸部前傾，或是駝背時，身體承受的重力會變大，在日常生活中，身體各部位就會感到負擔。

舉例來說，**光是下巴往前突出，肩膀也因此受拉扯往前移動之後，就得承受大約二十公斤的負擔。**

二十公斤的重量，以犬隻作比喻等同「大型犬」的體重，大概相當於西伯利亞哈士奇，或是「一〇一忠狗」的大麥町這麼重。只不過下巴往前突出，肩膀上就會像是坐著大麥町，所以肩膀自然會痠痛。

姿勢不良，就像是肩膀上一直坐著大麥町（約二十公斤）、腰上環著無尾熊（約十公斤）、膝蓋上掛著樹懶（約六公斤）在生活。無論你再怎麼愛好動物，這種情形還是會叫人痛苦難耐。

反過來說，姿勢良好的話，身上就不會有動物死纏不放，所承受的重力也最少，所以身體會感覺舒適自在，而不會感到疼痛、疲勞、倦怠或沉重。

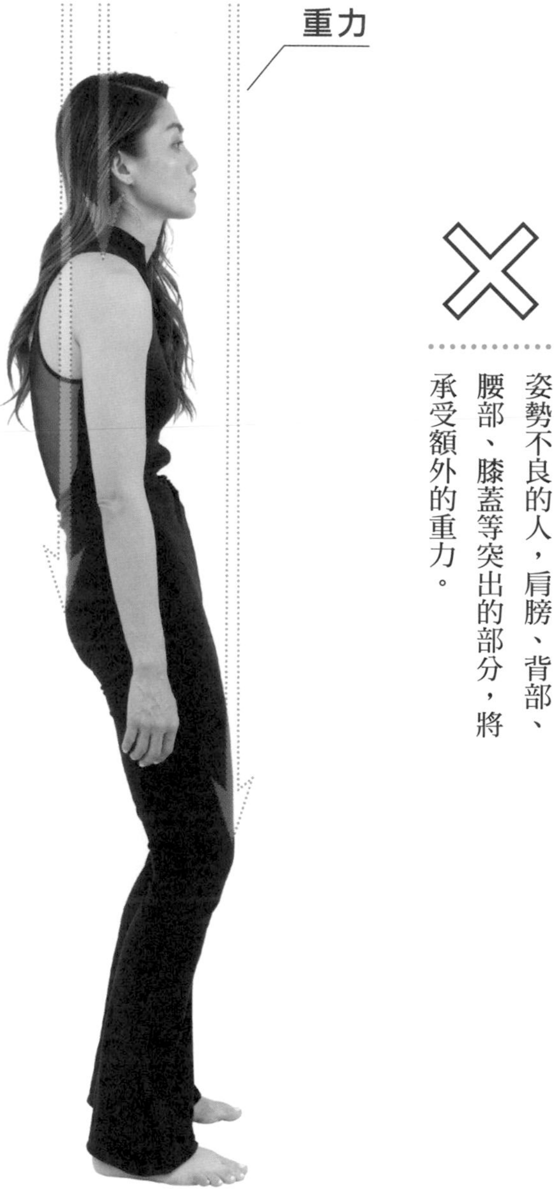

姿勢不良的人，肩膀、背部、腰部、膝蓋等突出的部分，將承受額外的重力。

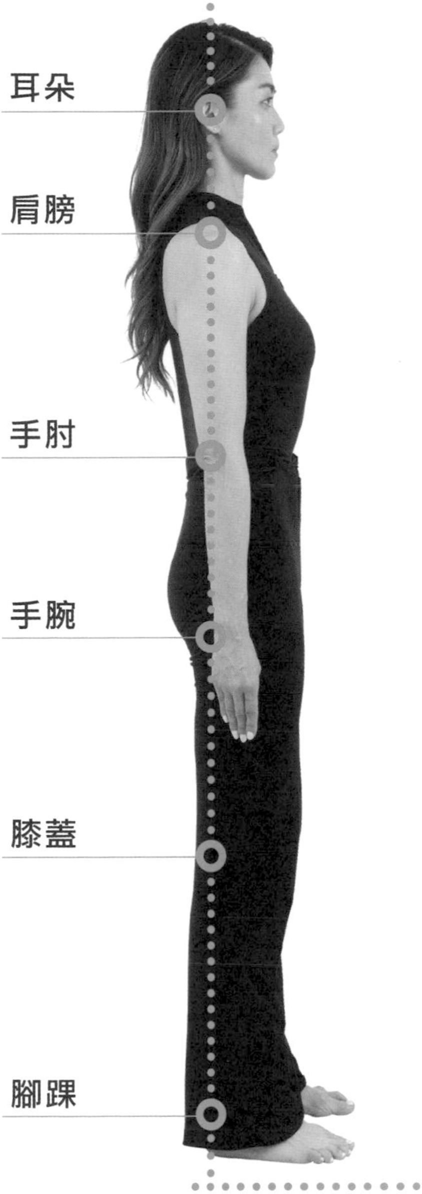

耳朵、肩膀、手肘、手腕、膝蓋、腳踝這六個點位於一直線上，就是「零位」的優良姿勢。

如何檢視「何處萎縮」了？

良好姿勢，能用來矯正身體各部位的萎縮現象。話說回來，如何「靠自己」矯正身體的萎縮現象呢？每個人萎縮的部位都不一樣，會因當事人平時的姿勢及生活模式而異。

大家可能會「隱隱約約」、「似有若無」地察覺到，自己的身體「某處出現萎縮現象」，但卻無法指出確切的部位。

膝痛的原因，不一定出在「膝蓋」上；肩膀痠痛的原因，不完全是「肩膀」造成的。我朋友深受膝蓋疼痛所苦，結果原因竟然是「髖關節萎縮」，這是他作夢也想不到的。肩膀痠痛的原因，有時是因為「手腕」僵直；五十肩的原因，有時則起因於「腋下」萎縮。

因此，在做「不動零位訓練」之前，希望大家應檢查一下身體狀態，尤其要了解身體哪個部位萎縮了。

究竟該怎麼做，才能察覺身體何處萎縮了呢？

大家還記得，當時我為了幫朋友改善膝痛的問題，做了哪些事嗎？沒錯，就是「請對方仰躺下來」。

身體萎縮「仰躺」就知道

「不動零位訓練」全套共八種，絕多大數都是「躺著」進行，在實際介紹零位訓練之前，首先想來確認一下你的身體狀態。

請你「仰躺」在床上即可，或者是木頭地板及瑜伽墊等「平坦」處也行。

躺下來後，你有什麼感覺嗎？我似乎聽見有人在問：「到底要感覺什麼？」現在就要來告訴你，必須檢查哪幾個重點，以及為什麼要檢查的原因。

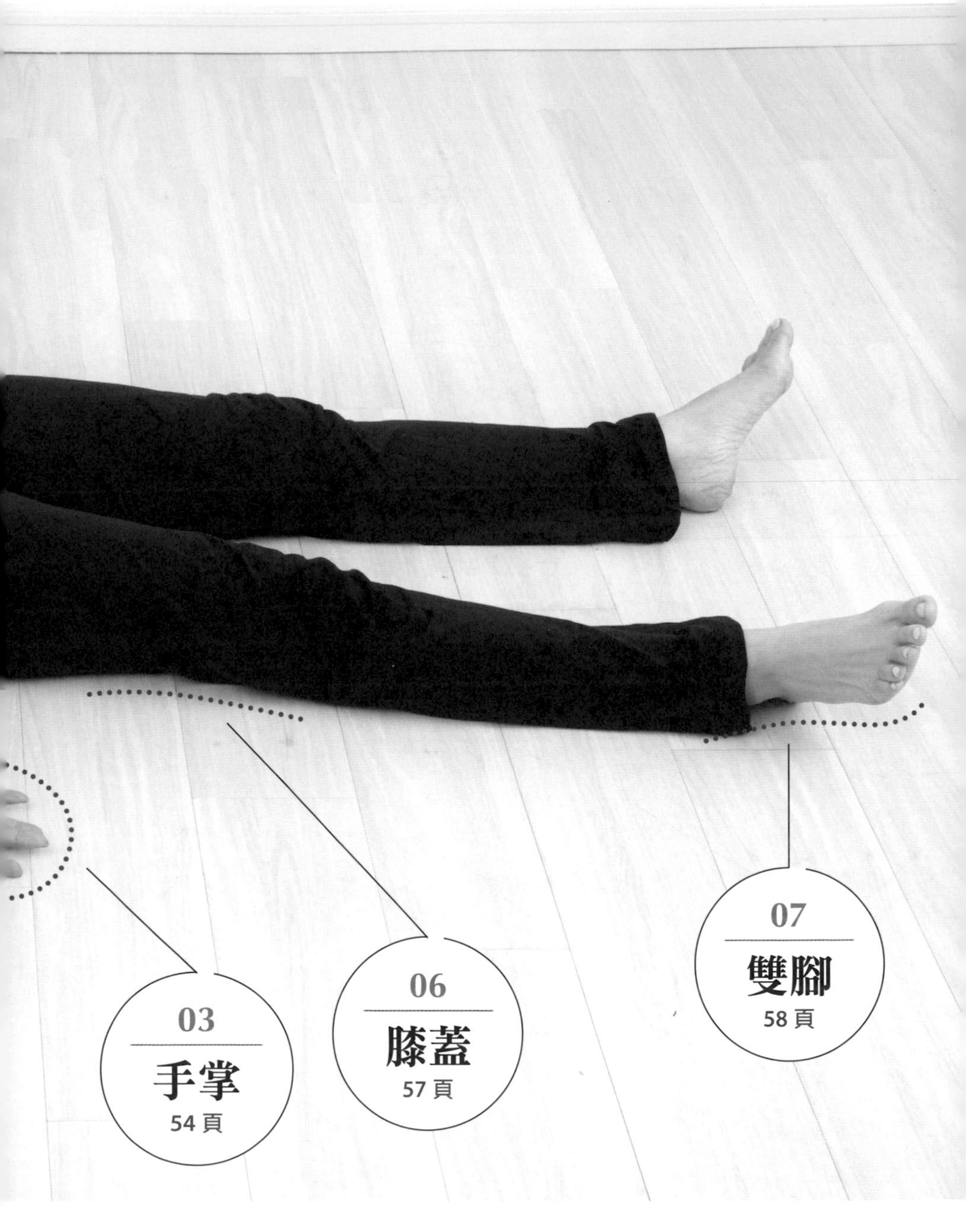
03
手掌
54 頁
06
膝蓋
57 頁
07
雙腳
58 頁

仰躺檢測的七大重點

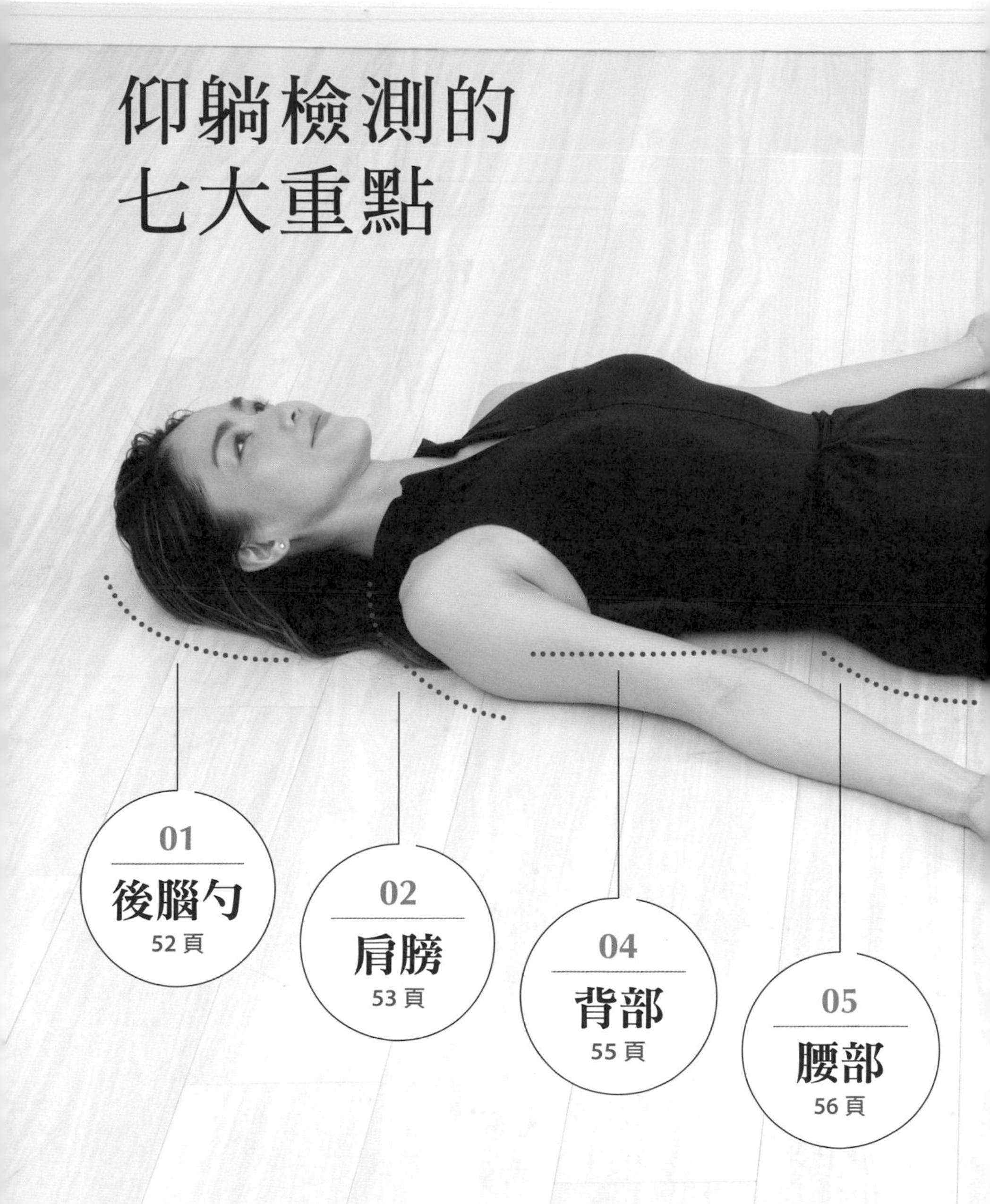
01
後腦勺
52 頁
02
肩膀
53 頁
04
背部
55 頁
05
腰部
56 頁

01

「後腦勺」接觸地面的地方，姿勢如何？

×

◎

從後腦勺下方部位（靠近頸部）至中間部位，緊貼地面的狀態就是頸部的零位。如果下巴抬高，僅後腦勺上方部位接觸地面的話，頸部與地板之間就會形成很大空隙。

02

「肩膀」接觸地面的地方，姿勢如何？

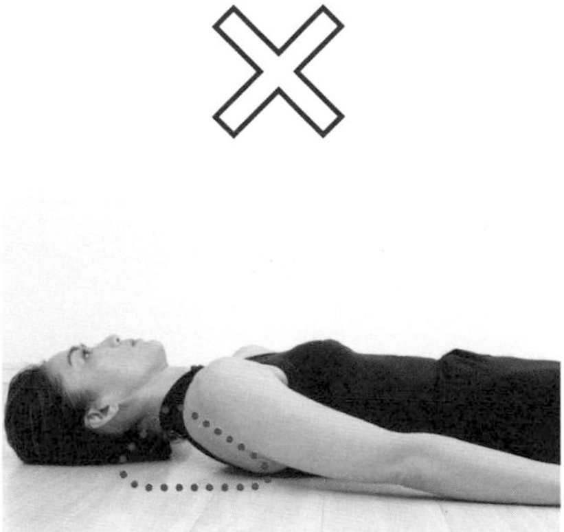

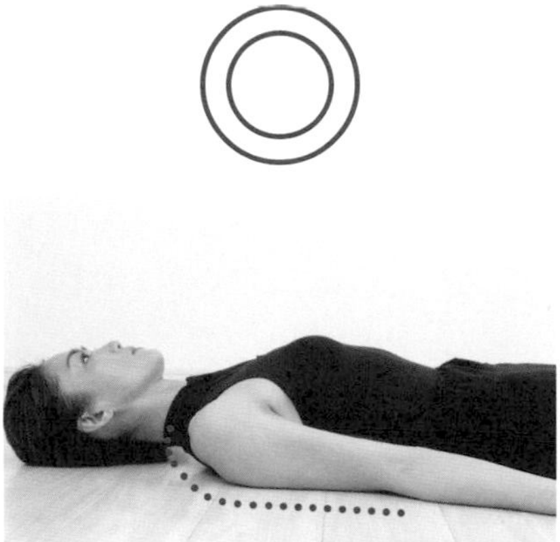

肩膀緊貼地面的狀態就是肩膀的零位。肩膀與地板之間形成很大空隙的話，代表有「圓肩」現象。還要檢查左右肩膀狀況是否一樣。

03

「手掌」接觸地面的地方，姿勢如何？

✕

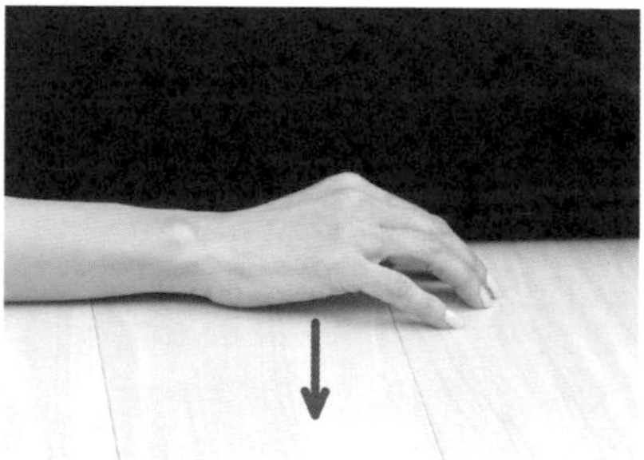

◎

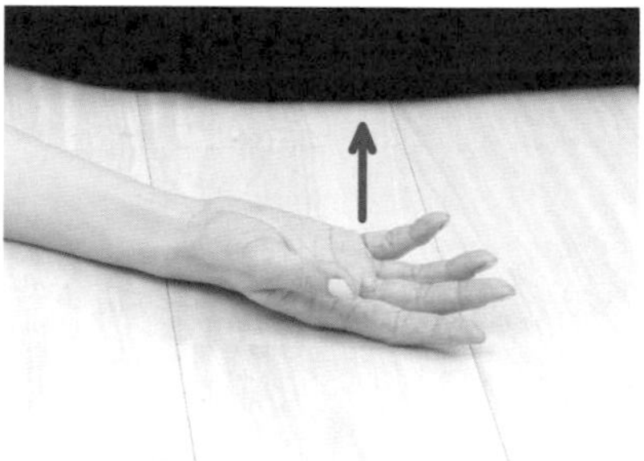

手掌朝上（天花板）的姿勢才正確。如果朝下（地板）的話，代表有「圓肩」，肩胛骨周邊及腋下有萎縮現象。很有可能手臂的部分也變短了。

04

「背部」接觸地面的地方，姿勢如何？

✕

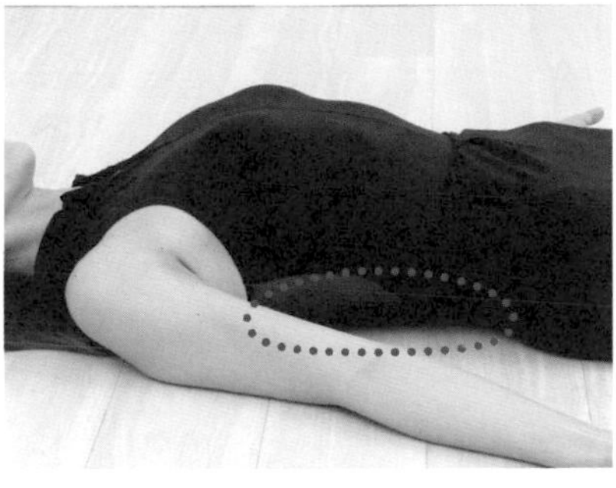

◎

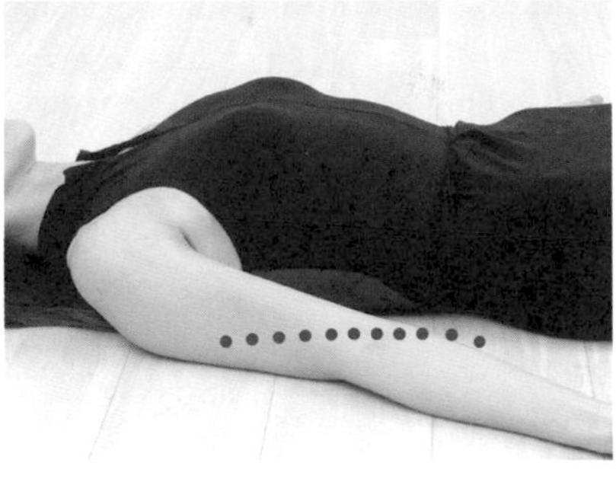

整個背部緊貼地面就是背部的零位。稍微離開地面，或是左右某一側傾斜的話，代表背部有萎縮現象。

05

「腰部」接觸地面的地方，姿勢如何？

✕

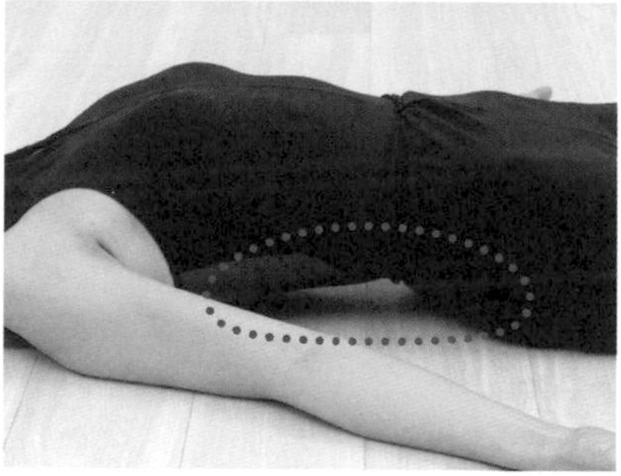

◎

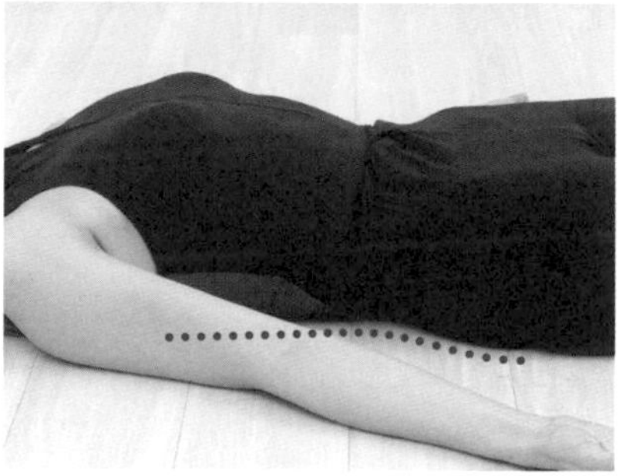

腰部緊貼地面就是腰部的零位。離開地面代表有萎縮現象。很多人左右側腰部離開地面的狀態並不相同。「離開地面」的高度愈高，萎縮現象愈嚴重。

06

「膝蓋」接觸地面的地方，姿勢如何？

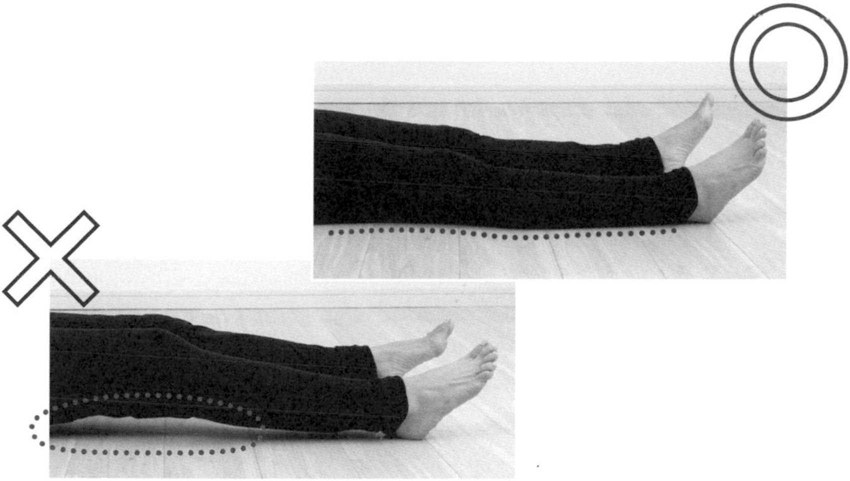

如果膝蓋距離地面很遠，代表髖關節及大腿有萎縮現象。很有可能走路方式、站立方式一直帶給膝蓋很大負擔。

07

「雙腳」打開的角度如何？

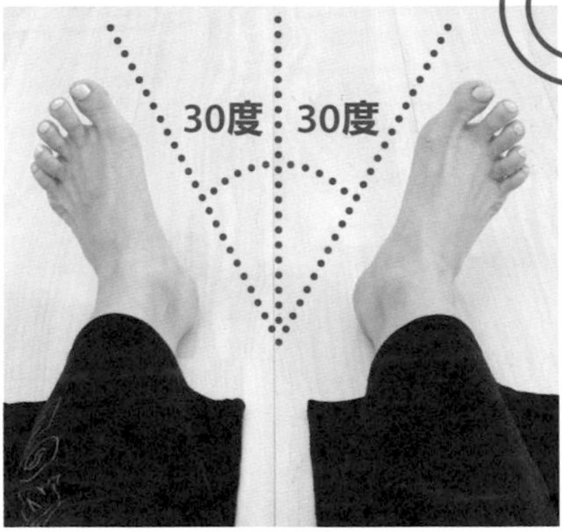

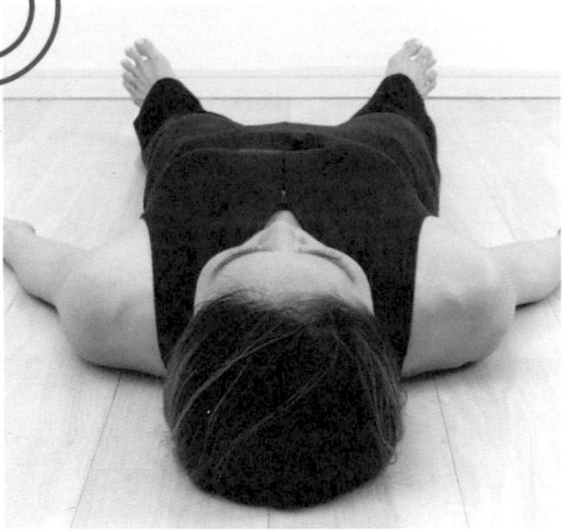

雙腳向外打開30度左右就是雙腳的零位。若張開時超過30度，代表髖關節及膝關節出現了萎縮現象。也會出現左右腳差異極大的情形。

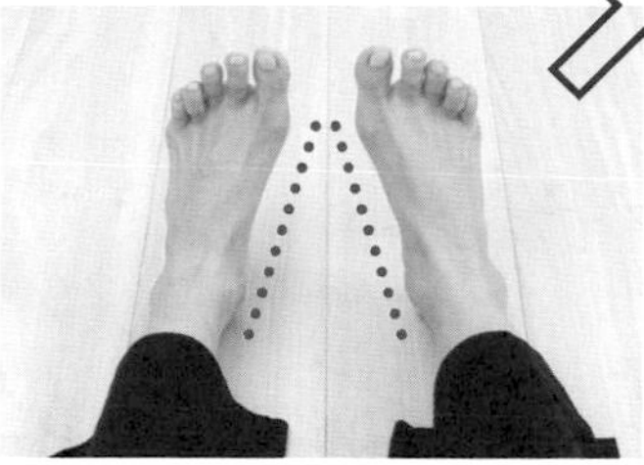

過於往內

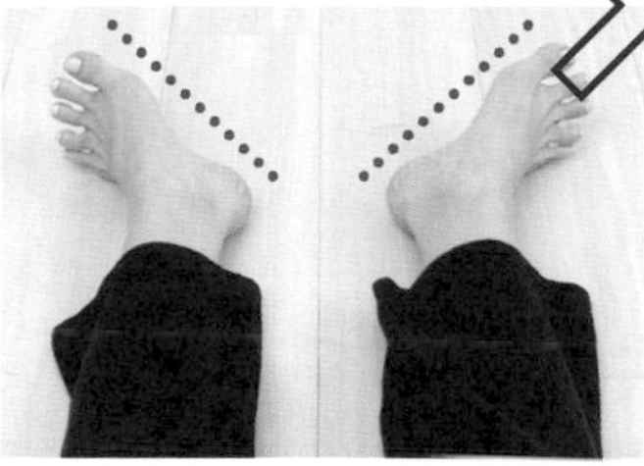

過於往外

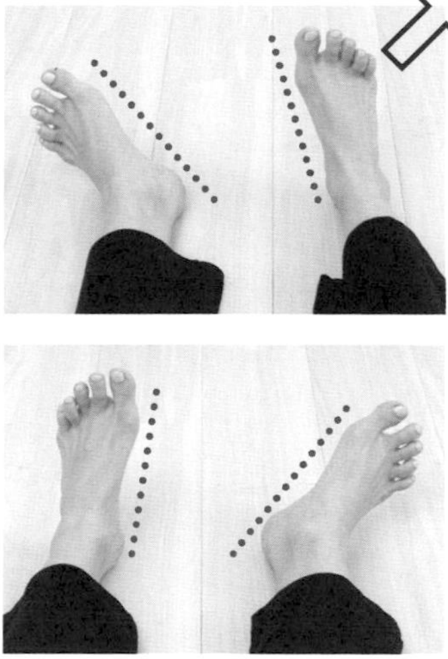

左右腳差異太大

話說回來，你有發現身體哪個部位萎縮了嗎？儘管大家都會躺著睡覺，但是相信大家從來不曾利用這種姿勢檢查過身體的狀態吧？相信你一定會有所發現。

自第八十頁起要為大家介紹的「不動零位訓練」，就是能分別改善有礙健康這「八大問題」的姿勢。

1. 矯正「頸部前傾」的零位訓練（參閱第八十八頁）
2. 矯正「圓肩」的零位訓練（參閱第九十六頁）
3. 矯正「腋下萎縮」的零位訓練（參閱第一〇四頁）
4. 矯正「駝背」的零位訓練（參閱第一一四頁）
5. 矯正「彎腰弓背」的零位訓練（參閱第一二二頁）
6. 矯正「髖關節內縮」的零位訓練（參閱第一三〇頁）
7. 矯正「膝蓋彎曲」的零位訓練（參閱第一四〇頁）
8. 矯正「腳趾抓地」的零位訓練（參閱第一四八頁）

在地板上仰躺下來時，**「上巴抬高且肩頸用力」**的人，應該肩頸有相當程度的萎縮現象，肩頸周邊經常覺得痠痛、無力，這種人在做零位訓練時，請將重點放在第一項矯正「頸部前傾」的零位訓練。

如果是**「雙肩與地板空隙很大，手掌也朝下（地板）」**的人，表示你有圓肩，手臂這部分也萎縮了，除了會肩膀痠痛之外，可能還會出現手臂舉不高的四十肩、五十肩現象，所以請確實執行第二項矯正「圓肩」的零位訓練與第三項矯正「腋下萎縮」的零位訓練。

「背部及腰部總是會離開地面，左右差距大」的人，有可能背部及腰部萎縮，身患慢性腰痛。因此做訓練時須著重在第四項矯正「駝背」的零位訓練和第五項矯正「彎腰弓背」的零位訓練。

「膝蓋距離地面很遠」的人，十分有可能髖關節和大腿萎縮，站立或走路時只有膝蓋往前突出，因此膝蓋才容易覺得痛。這時請做第六項矯正「髖關節內縮」的零位訓練與第七項矯正「膝蓋彎曲」的零位訓練，以改善髖關節與大腿的萎縮現象，減輕帶給膝蓋的負擔。

「左右腳打開的角度不一致」的人，可能髖關節及腳趾有萎縮現象。請做第六項矯正「髖關節內縮」的零位訓練及第八項矯正「腳趾抓地」的零位訓練，才能打造出強健的下半身。

接下來，終於自下一章起，將針對「不動零位訓練」逐一解說。

參章

「不動零位訓練」的優點與事前準備

「不動零位訓練」的七大優點

「不動零位訓練」，共有下述七大優點。

1. 不限年齡，人人都能做

擺好姿勢後，接著只需要呼吸保持「不動」就行了，所以不擅運動的人，或是年紀大的人，大家都能做。

2. 躺著就能做

「不動零位訓練」全部都是躺著做，所以疲累不堪的日子，或是無力倦怠時都能做。

3. 不適會遠離

改善頸部、肩膀、腋下、背部、腰部、髖關節、腳趾的「萎縮」現象，讓身體宛如生出羽翼般輕盈起來。肩膀痠痛、腰痛、膝痛、手腳冰冷、便祕等身體不適皆能獲得改善。

4. 姿勢會變好

萎縮現象改善後，姿勢會戲劇性好轉。因此站姿、走路姿勢、坐姿都會變美。

5. 身材會變美

改善「萎縮」現象後，身材會變美。而且關節可動域會擴大，使日常活動量增加，身體消耗熱量也會攀升，因此可看出減肥的效果。

6. 身體會變軟

「不動零位訓練」還具有提升身體柔軟度的效果。許多人完全不需要勉強下壓或伸展，只要每天擺出固定姿勢，就能順勢完成**「開腳」**、**「前彎」**、**「背後握手」**的動作。柔軟度提升之後，還能達到不易受傷的效果。

背後握手

7. 活力會湧現

這一點完全不誇張。身體會疼痛、痠痛或無力，大多是因為「萎縮」造成的。只要能回歸零位，身體就會變輕盈，令人體會到久違的舒暢感。還會使人活力湧現，快樂地度過每一天。

前彎

零位訓練計畫介紹

訓練計畫分成「基本訓練計畫」與「集中訓練計畫」兩種類型，大家可隨意選擇。

1. 基本訓練計畫

零位訓練呼吸法

p.86

不動零位訓練（8 種）

p.88

01 矯正「**頸部前傾**」的零位訓練

p.96

02 矯正「**圓肩**」的零位訓練

p.104

03 矯正「**腋下萎縮**」的零位訓練

p.114

04 矯正「**駝背**」的零位訓練

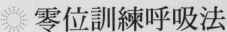

05 矯正「**彎腰弓背**」的零位訓練

p.122

06 矯正「**髖關節內縮**」的零位訓練

p.130

07 矯正「**膝蓋彎曲**」的零位訓練

p.140

08 矯正「**腳趾抓地**」的零位訓練

p.148

只動一公分的零位訓練（1種）

p.156

每天進行的「基本訓練計畫」，包含零位訓練呼吸法、8種「不動零位訓練」、1種「只動一公分的零位訓練」，合計共10種訓練動作。基本訓練計畫能解決全身萎縮的問題，相信在短時間內很容易看出成效。零位訓練十分重視呼吸法，因此第一步須熟練「零位訓練呼吸法」，在做「不動零位訓練」的時候，也要經常執行零位訓練呼吸法。可能很多人都會感到納悶：「『只動一公分的零位訓練』究竟該怎麼做？」關於這部分的作法，將於後續再行解說。

2. 集中訓練計畫

目標：「短時間內」改善「在意部位（症狀）」的訓練計畫

3～5分鐘

零位訓練呼吸法

p.86

不動零位訓練（8 選 1）

p.114

例）*04* 矯正**「駝背」**的零位訓練

只動一公分的零位訓練（1 種）

p.156

「集中訓練計畫」內含動作共有零位訓練呼吸法、「不動零位訓練」8 選 1，以及 1 種「只動一公分的零位訓練」。透過「仰躺檢測法」（參閱第 50 頁）找出發生萎縮現象的部位之後，再針對萎縮部位重點訓練。舉例來說，如果自己感覺背部有萎縮現象，或是自覺會駝背的人，可參考「矯正駝背的零位訓練」做做看。「不動零位訓練」只做 1 種或 2 種皆無妨。全身無力的日子，或是精疲力盡的那一天，可能會連做「基本訓練計畫」都覺得費事。這種時候，建議大家可以來做這套「集中訓練計畫」。

「基本訓練計畫」每天做也沒關係，或是在繁忙的週一至週五做「集中訓練計畫」，有空閒的假日再做「基本訓練計畫」也無妨。每一種零位訓練動作，全都只要花費三十秒至一分鐘即可完成，所以不管是白天或是夜晚，方便做的時候，請大家隨時來做零位訓練。

先「仰躺」檢測萎縮部位

誠如貳章所言，在進行「不動零位訓練之前」，首先要請大家透過「仰躺」的方式，檢測一下自己身體的萎縮程度。做「集中訓練計畫」時，只需要藉由這個「仰躺檢測法」找出「萎縮部位」重點訓練即可。接下來，讓我們先來再次確認必須檢測的部位！

Check

矯正「頸部前傾」的零位訓練 ●● p.88

Check

矯正「圓肩」的零位訓練 ●● p.96

矯正「腋下萎縮」的零位訓練 ●● p.104

Check

矯正「圓肩」的零位訓練 ●● p.96

矯正「腋下萎縮」的零位訓練 ●● p.104

Check

矯正「腋下萎縮」的零位訓練 ●● p.104

矯正「駝背」的零位訓練 ●● p.114

Check

矯正「駝背」的零位訓練 ●● p.114

矯正「彎腰弓背」的零位訓練 ●● p.122

Check

矯正「髖關節內縮」的零位訓練 ●● p.130

矯正「膝蓋彎曲」的零位訓練 ●● p.140

Check

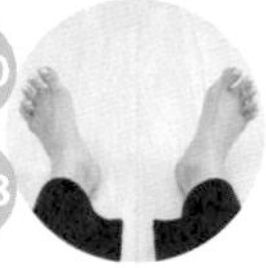

矯正「髖關節內縮」的零位訓練 ●● p.130

矯正「腳趾抓地」的零位訓練 ●● p.148

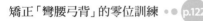

仰躺檢測的七大重點

01	**「後腦勺」**接觸地面的地方	下巴抬高，僅後腦勺上方部位接觸地面的話，代表頸部有萎縮現象。
02	**「肩膀」**接觸地面的地方	肩膀與地板之間形成很大空隙的話，代表有「圓肩」現象。
03	**「手掌」**接觸地面的地方	手掌朝下（地板）的話，代表有「圓肩」，肩胛骨周邊及腋下有萎縮現象。
04	**「背部」**接觸地面的地方	背部稍微離開地面，或是左右某一側傾斜的話，代表背部有萎縮現象。
05	**「腰部」**接觸地面的地方	腰部離開地面的話，代表腰部有萎縮現象。
06	**「膝蓋」**接觸地面的地方	如果膝蓋距離地面很遠，代表髖關節及大腿前側有萎縮現象。
07	**「雙腳」**打開的角度	雙腳向外打開超過 30 度的話，代表髖關節及膝關節有萎縮現象。

三點注意事項

1 避免長時間做太久

「不動零位訓練」的一大特色，就是做起來「很舒服」，因此有時會不知不覺做過頭了。每一種零位訓練動作，大約做三十秒至一分鐘左右即可，**最長請以「三分鐘左右」**為上限。千萬別因為做起來太舒服，於是同一個姿勢持續十五分鐘或三十分鐘之久，這樣恐怕會導致身體疼痛，所以請大家特別留意。

2 不要勉強伸展

不管是哪一種姿勢，都不能伸展到「身體的極限」，請做到**七至八成**左右，**感覺「很舒服」的程度即可**。假使為了早一步看到成果，於是勉強自己過度伸展的話，恐怕會導致身體疼痛。還有，擺姿勢的時候，如果感覺「麻麻的」，請停止動作，因為「麻麻的」代表壓迫到神經了。

務必小心！

3 歸位時動作放慢，同時用鼻子吸氣

八種「不動零位訓練」，需要分別擺好姿勢，再靜止不動一分鐘左右。接下來，等到一分鐘過去後，必須回復到原本的姿勢，但是這時候太急著歸位的話，恐怕會導致身體疼痛。所以做完任何一種零位訓練之後，身體要歸位時，請「放慢動作」，並同時「保持呼吸」。

⇐ 緊接著在下一章，「不動零位訓練」終於要褪去面紗了，一起深入了解吧。

肆章

立即實踐！不動零位訓練

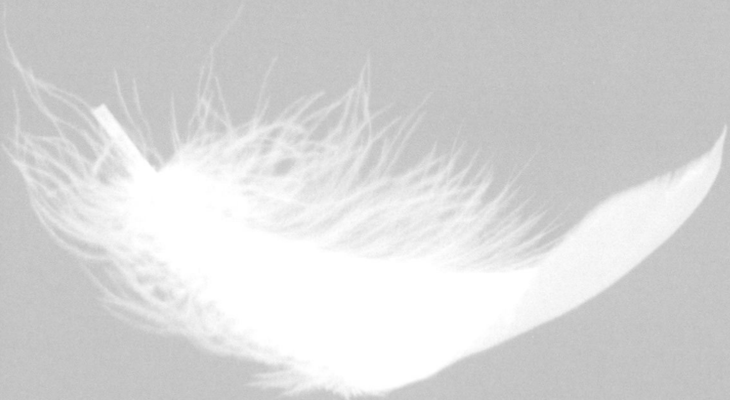

終於要為大家介紹「不動零位訓練」了。首先為了「放鬆」僵硬的身體，請先熟練「零位呼吸法」，這套呼吸法在所有的零位訓練都會使用得到。接著會介紹八種「不動零位訓練」，最後再透過「只動一公分的零位訓練」強化核心肌群，幫助你維持住「良好姿勢」。現在就讓我們開始做做看吧！

準備用品 ▼ **兩個抱枕（枕頭或浴巾也行）**

這正是「不動零位訓練」的優勢之處！

請準備兩個抱枕，這樣就行了。大小約45×45公分左右，一般正方形造型的抱枕最為理想。老實說，利用這兩個抱枕使萎縮現象獲得戲劇性改善，正是「不動零位訓練」的最大特色。家裡沒有抱枕的人，只要將枕頭或是幾條浴巾疊放在一起使用，也能獲得相同的效果。

疊放

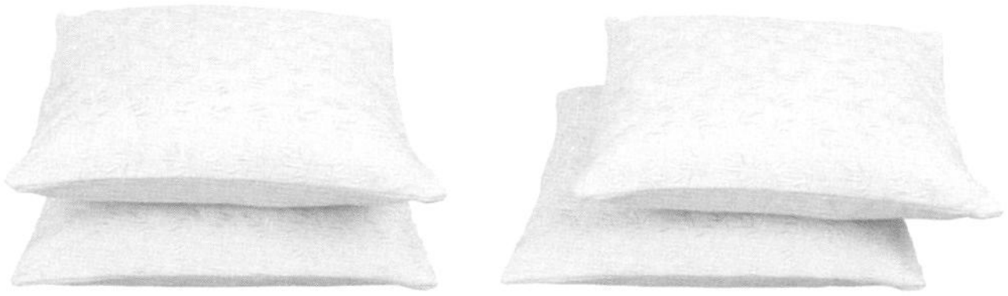

並排

單用一個

呼吸練習❶

普通呼吸

重覆3次

第一步先全身放鬆

仰躺下來，雙手按著腹部。從鼻子花 3 秒鐘慢慢吸氣，同時將腹部用力鼓起，再從嘴巴「哈～」地一聲，花 7 秒鐘吐氣，使腹部用力凹陷。

吐氣時發出「哈～」的聲音。
若是將嘴巴噘起來「呼～」地
發聲吐氣的話，肩頸會使力。

呼吸練習❷

肋骨呼吸

使肋骨開開闔闔

用大拇指按著背部，其餘四根手指按著側邊，這樣才容易確認肋骨是否往後側及側邊打開。

重覆 3 次

相對於上一頁的「普通呼吸」會讓腹部鼓起，「肋骨呼吸」顧名思義就是將肋骨打開來呼吸。請像照片這樣，用雙手按著肋骨，從鼻子花 3 秒鐘慢慢吸氣，同時使肋骨往側邊及後側打開，再從嘴巴「哈～」地一聲，花 7 秒鐘吐氣後，使肋骨閉闔。

吐氣時請發出「哈～」的聲音。若是將嘴巴噘起來「呼～」地發聲吐氣的話，肩頸會使力。

零位訓練呼吸法

全身鬆弛呼吸法！

同時進行①的「普通呼吸」與②的「肋骨呼吸」，就是所謂的「零位訓練呼吸法」。可讓全身鬆弛，使各部位回歸零位。

將手靠在肋骨與背部，從鼻子花 3 秒鐘吸氣，同時使腹部鼓起、肋骨打開。此時除了身體前側鼓起之外，側邊、後側全部都要像氣球一樣鼓起來。接下來再從嘴巴「哈～」地一聲，花 7 秒鐘吐氣後，使腹部凹陷，讓肋骨逐步閉闔。

重覆 3 次

呼吸時要放輕鬆，和緩地進行。
吐氣時要發出「哈～」的聲音。

✕

嘴巴噘起來「呼～」地發聲吐氣，或是下巴抬高呼吸的話，肩頸會使力，反而會出現反效果。所以肩頸要放鬆，吐氣時發出「哈～」的聲音。

不動零位訓練

01

ZERO TRAINING-01

矯正「頸部前傾」的零位訓練

請大家留意街上行人的「頸部」，這時應該會發現，多數人的頸部都習慣往斜前方突出。這樣一來，將會導致肩膀痠痛、腰痛……。話說回來，該怎麼做才能使頸部維持正姿呢？

＼零位訓練／
有助改善的症狀

- 頸部痠痛
- 肩膀痠痛
- 腰痛
- 頭痛
- 眼睛疲勞
- 身體疲勞

主要出現
萎縮現象的地方
頸部後方

非洲人搬運貨物用頭頂的原因

許多人的頸部，都會朝斜前方突出，這就是「頸部前傾」的姿勢。請大家仔細觀察路上行人「頸部」的角度，就曉得擁有這種「頸部前傾」現象的人不勝枚舉。說不定……，當你照鏡子檢視之後，會發現自己也是「頸部前傾」的其中一人。**「頸部前傾」的人，頸部會往斜前方突出，為了使臉部朝前，於是下巴會抬高，所以頸部後方會縮起來**，以致於不容易做到「頸部朝上」、「轉頭」這方面的動作。

日常生活中，例如滑手機、下廚料理、吸地板這類情形下，時常出現必須低著頭的畫面。像這樣頸部前傾的話，周圍肌肉會僵硬，進而引發肩頸痠痛、頭痛、眼睛疲勞等症狀。此外，身體也容易感到疲勞或倦怠。

再加上低著頭的時候，重力會施加在頸部上，因此很難單靠頸部支撐頭部的重量，於是背部及腰部也會萎縮僵硬，方能藉此支撐頭部重量。因此，才會引發腰痛，而且會覺得全身「很沉重」。

「頸部前傾」是個相當棘手的問題，必須立即改善才行。

相信大家都見過，非洲人在搬運大型貨物時，習慣用頭頂著。事實上，這是非常合理的行為。請大家回想一下他們搬東西時的姿勢，其實他們都是用正姿在步行。如果他們是用「頸部前傾」的姿勢搬運貨物，不但貨物會搖來晃去，頸部也會很痛吧。

頸部的零位，就是**「頸部垂直落在脊椎上方的狀態」**，這是最不容易受重力影響的輕鬆位置。用這種狀態頭頂貨物的話，不太會覺得貨物負擔很大，因此才能長時間搬運沉重貨物。換作用手搬運的話，根本做不到。

請大家想像一下芭蕾舞者的頸部，他們都是直挺挺地朝上，十分修長吧。人類的頸部，原本就是那樣修長、直挺。所以，我才會希望大家來做零位訓練！現在就為大家介紹，讓「前傾的頸部」變身「芭蕾舞者美頸」，從背部使頸部完全伸展的零位訓練。作法很簡單，甚至會叫人懷疑：「不可能吧？真的只要一個姿勢就行了嗎？」不過真的成效顯著喔！

ZERO
TRAINING-01

30 秒

「躺著做」的不動零位訓練

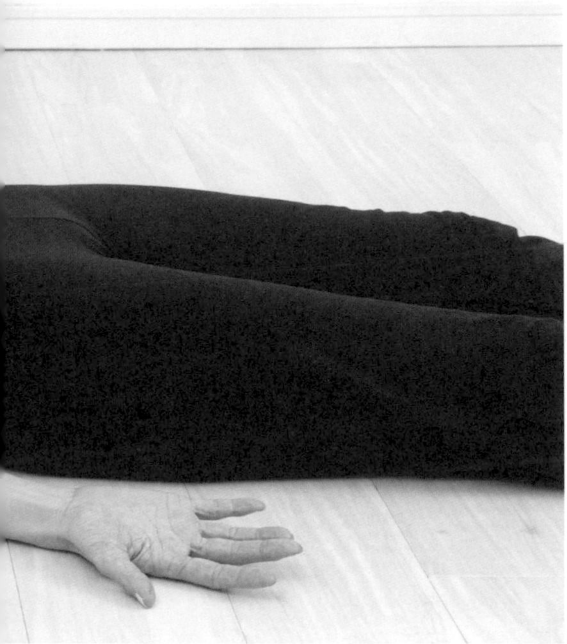

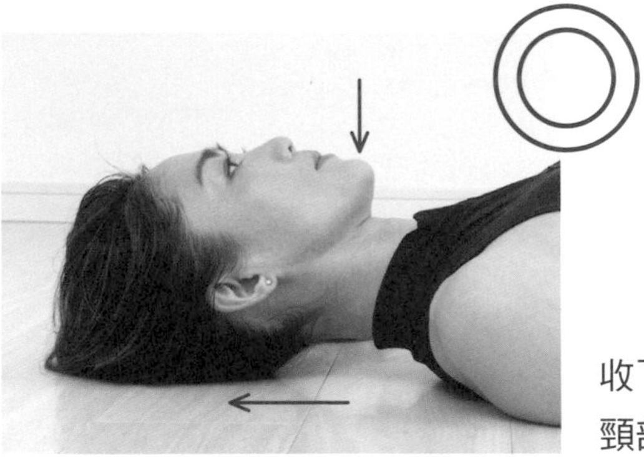

收下巴，伸展
頸部後方。

仰躺在地板上，使後腦勺下方（靠近頸部）的地方貼地，同時收下巴。維持這個姿勢「不動」，重覆 3 次零位訓練呼吸法（合計 30 秒）。

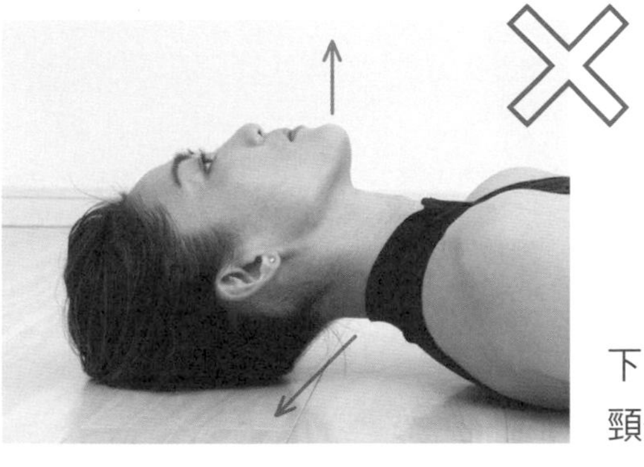

下巴向上抬高的話，
頸部後方會縮起來。

矯正「頸部前傾」的零位訓練

ZERO TRAINING-01

「隨時做」的不動零位訓練

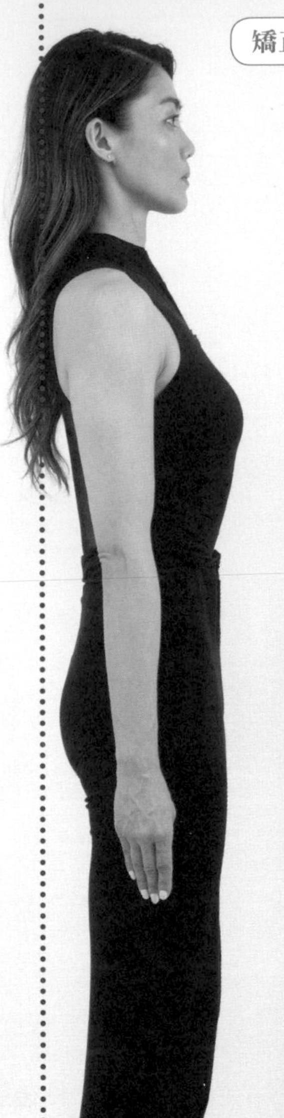

30 秒

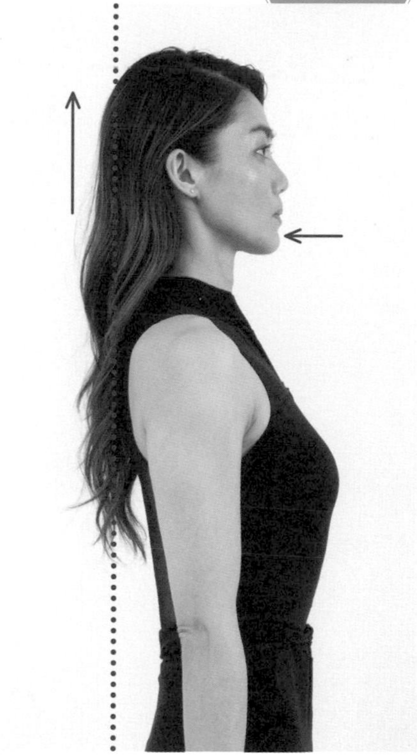

頭部、背部、腳跟緊貼壁面，使後腦勺下方（靠近頸部的地方）貼壁，同時收下巴。維持這個姿勢「不動」，重覆 3 次零位訓練呼吸法。

不動零位訓練

02

ZERO TRAINING-02

矯正「圓肩」的零位訓練

雙肩朝向內側（前方）就是所謂的「圓肩」。頸部前傾再加上稍微低著頭，背部弓起來長時間滑手機，以致於最近甚至出現了「手機症候群」一詞，也就是有「圓肩」的人與日俱增。

＼零位訓練／
有助改善的症狀

- 頸部痠痛
- 五十肩
- 背部緊繃
- 腰痛
- 腸胃不適
- 便祕
- 自律神經失調

主要出現
萎縮現象的地方
頸部前方、
胸部

你的手掌朝向何方？

「圓肩」如今儼然成為「國民病」，除了會引發肩膀痠痛、五十肩、背部緊繃、腰痛等等的症狀之外，由於肩膀往內使得胸部肌肉（胸肌）萎縮進而壓迫到內臟，因此腸胃會感到不適，更有許多人反應會出現便祕、腹部畏冷這方面的症狀。此外胸部還會下垂，小腹會突出，甚至連臀部也容易變得鬆垮。所以「圓肩」也會成為身材走樣的原因之一。

有「圓肩」的人，自己都會有所察覺，倘若你不知道如何檢視自己有沒有「圓肩」，可利用一個簡單的方法加以確認。請你站著全身不要出力，看看這時候「手掌」朝向何方。如果手掌朝向身體側面，那就沒必要太過擔心；但是**當手掌「稍微朝後」的話，代表你的肩膀朝內了；手掌完全「朝後」的人，就是「重度圓肩」**。

出現「圓肩」現象的人，多數都會「突然發現肩膀在用力」。由於胸肌萎縮，因而像是被拉扯一般，背部會弓起來變僵硬，所以肩膀會一直用力，經常呈現消耗能量的狀態。

最理想的狀態，是身體能夠確實切換開關。運作時全力啟動，休息時充分放鬆。可是當你的肩膀一直在用力的話，就會隨時都在「開機」狀態，因而白白損耗能量。

你會覺得「睡再久還是很累、疲勞無法消除……」，其中最主要的原因可能就是因為你一直在消耗能量。現在馬上來解決「圓肩」的問題，讓自己的肩膀脫胎換骨，「懂得放鬆」吧！

另外，有「圓肩」的人通常會出現呼吸較淺的傾向，這是因為胸部萎縮，「橫隔膜」運作不佳的關係。「橫隔膜」是關係到呼吸運動的肌肉之一，一旦這部分運作不佳，便無法進行深呼吸。

容易出現「圓肩」現象的人，其實就是「長時間坐著的人」。當你坐著時姿勢不良，背部弓起來的話，肩膀就會逐漸朝內。

因此才需要做「不動零位訓練」，解決圓肩的問題。這個訓練做起來很舒服，往內的肩膀只需靜止不動，自然就會打開，請大家一定要來實際做做看！

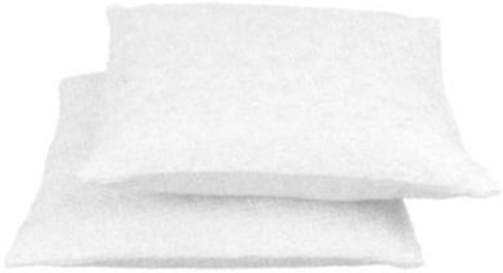

準備用品

將 2 個抱枕稍微錯開來疊放

「躺著做」的不動零位訓練

30 秒

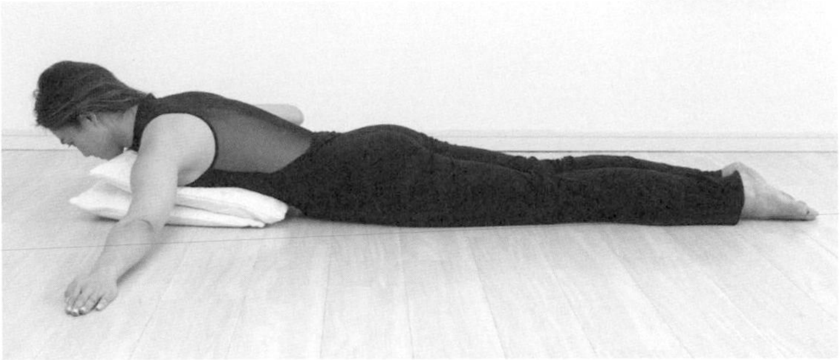

⇓

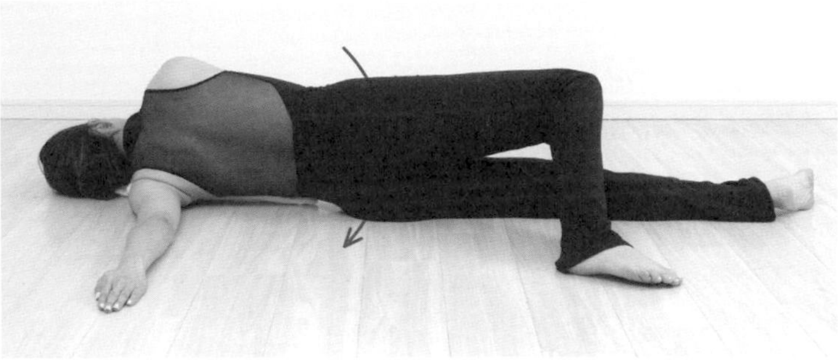

胸部靠在抱枕上呈「趴臥姿」，左手朝側邊伸直，右手掌壓著地面。接下來將右腳彎曲後，整個身體朝左側轉過去，並維持這個姿勢「不動」，重覆 3 次零位訓練呼吸法（合計 30 秒）。另一側也以相同方式進行。

肩膀伸展時須緊貼地面。

手臂往斜上方移動可以增加負荷。

注意事項

覺得很吃力的人，手臂可往斜下方伸展。肩膀受傷或有習慣性脫臼的人，做訓練前請事先向醫生諮詢。

ZERO TRAINING-02

「隨時做」的不動零位訓練

30 秒

側身站在牆邊，左手向後伸展，右手掌壓著壁面。接下來將整個身體朝右側扭轉過去，並維持這個姿勢「不動」，重覆 3 次零位訓練呼吸法（合計 30 秒）。換個方向後，另一側也以相同方式進行。

身體側面須緊貼壁面。

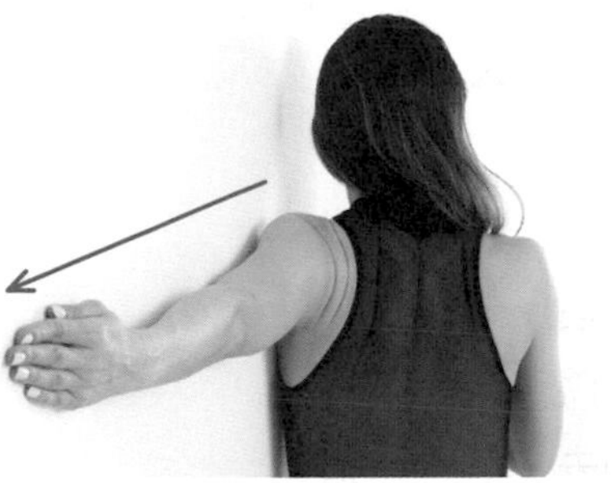

手臂朝後伸直。

注意事項

覺得很吃力的人，手臂可往斜下方伸展。肩膀受傷或有習慣性脫臼的人，做訓練前請事先向醫生諮詢。

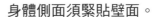

不動零位訓練

03

ZERO TRAINING-03

矯正「腋下萎縮」的零位訓練

有一個部位在大家雕塑身材、改善不適時，總是容易疏忽掉，那就是「腋下」。大家知道嗎？其實腋下萎縮變短，正是造成「五十肩」的一大主因！

＼零位訓練／
有助改善的症狀

- 四十肩
- 五十肩
- 肩膀痠痛
- 頸部痠痛
- 背部緊繃
- 腰痛

主要出現
萎縮現象的地方
腋下、
側腹部

最容易被忽略的重要部位在這裡！

每次在探討身體不適的問題時，常會被提出來的部位包含肩頸、腰部及膝蓋，這些都算是「話題主角」的部位。但是老實說，有一個部位也很值得在此時浮上檯面，那就是「腋下」。

人一般都會習慣將手臂隨意下垂，鮮少出現抬高手臂的動作，少有機會伸展腋下，所以才會逐漸萎縮。

原本你的手臂理應更長才對，可是因為腋下萎縮的關係，手臂也跟著變短了。請大家回想一下芭蕾舞者將手臂優雅延伸的畫面，他們俐落伸長的手臂，就是腋下沒有萎縮的證明。

一旦腋下萎縮了，將引發非常棘手的症狀，就是「**肩膀會抬不起來**」，俗稱的「四十肩」或「五十肩」。

在全身各部位當中，最能自由自在活動的地方，就是手臂及雙手，舉凡抓握、舉高、投擲、拿取、撿拾等各種場合都會使用到手臂。假使手臂抬不高的話，這些動作便無法自由自在完成，不但十分不方便，很多人也會因此感到心情沮喪。

「五十肩」按摩治不好的原因

為了讓大家明瞭腋下的重要性，請大家稍微動一動身體看看，接著再試著將左手臂朝正上方舉高。你能得舉得多高呢？如果你手臂的側面能夠緊貼著耳朵，證明你完全沒問題。

但是無法緊貼耳朵，甚至於手根本舉不起來的人、光是舉高就覺得痛的人，你就有必要馬上進行改善。

現在我要在這些人的身上，施展一些魔法囉。

首先，**請將雙手手臂舉高後雙手合十。請大家注意，這個高度，就是你現在手臂舉高的位置**（參閱次頁的照片1）。

接下來，單將左手臂舉高，然後維持這個姿勢，再用右手大拇指用力按壓左側腋下，同時**請找出硬塊的部分**，就是用力按壓後會覺得痛的部分。找到之後，直接用手指捏起來，同時將左手臂往上伸展（照片2）。

最後，**再次伸展左手臂，接著請將雙手手掌合十**（照片3）。

大家有什麼發現嗎？是不是只有左手臂突然伸長了呢？

每次我在演講等場合，請來賓做這個動作之後，大家都會發出「喔喔喔喔喔喔！」的讚嘆聲，大家的手臂都能輕鬆伸長了。

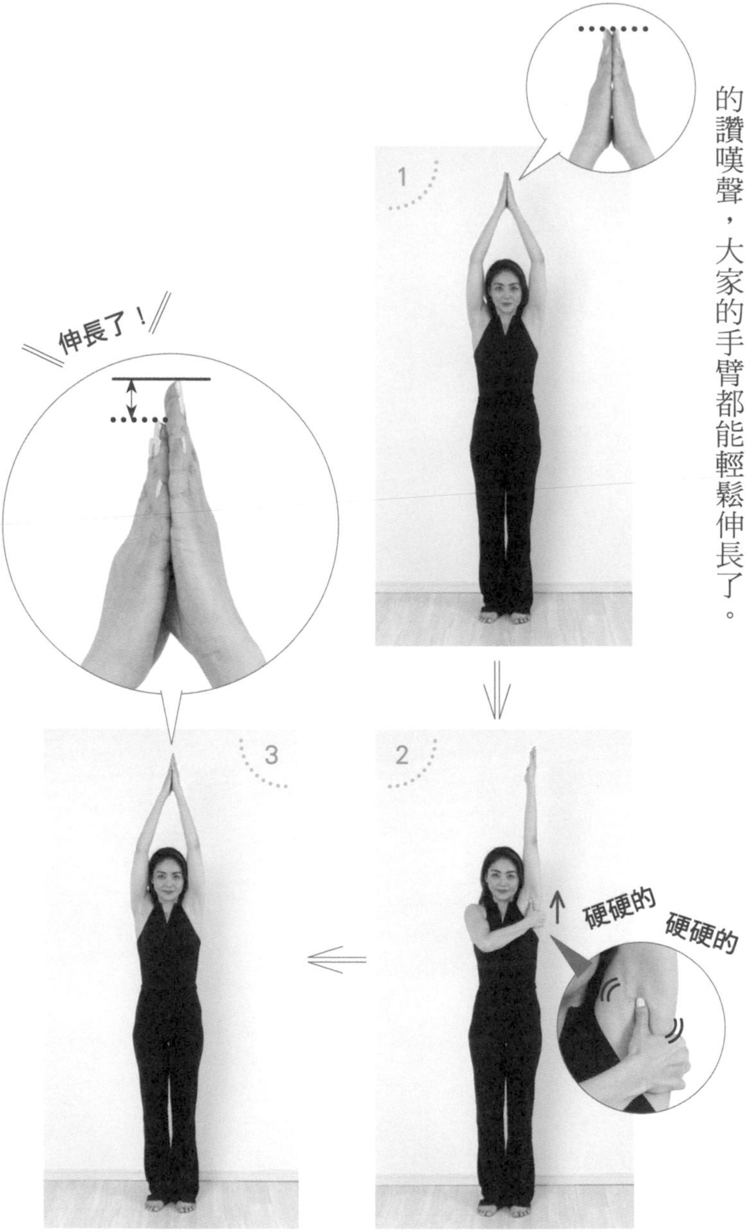

手臂要往正上方舉高時，其實需要由下往上拉伸的力量，因此必須解決腋下萎縮的問題才行。

但是，通常遇到五十肩或肩膀痠痛的困擾時，大家都習慣去給人按摩。大多數的按摩手法，都是透過手指揉捏身體，例如揉揉肩膀、捏捏頸部。但是畢竟手臂舉不高的原因是出在「腋下萎縮」，因此不管再怎麼按摩，還是無法讓手臂得以舉高。

反倒是若能理解方才介紹的手臂舉高機制及祕訣，就能輕易使身體發生轉變。

大家還記得過去曾經流行過**「單槓訓練器」**吧，類似單槓遊戲器材，只需要垂吊即可。單槓訓練器就是用來解決腋下萎縮問題的最佳器材。現在完全不需要購買那種訓練器，只要走到公園握住金屬棒或雲梯設施垂吊，腋下就能充分伸展開來。

話雖如此，每天去公園也是挺麻煩的，所以我也為大家設計了在家裡躺著就能解決腋下萎縮問題的零位訓練。請大家善用這套零位訓練，讓手臂脫胎換骨，能夠一下子就伸長吧。不過請大家要小心，別因為太舒服就睡著囉！

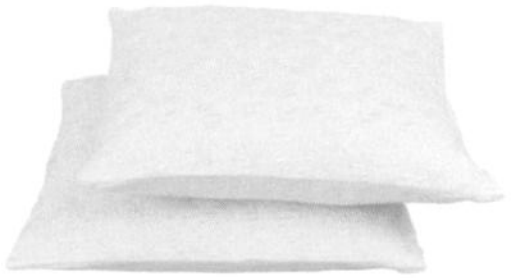

準備用品

將 2 個抱枕稍微錯開來疊放

「躺著做」的不動零位訓練

頭部、頸部及雙肩靠在抱枕上仰躺下來，右膝立起，左腳的腳踝骨靠在右膝上，呈現「4」字型。接著將右手臂往上，左手臂往側邊伸展。

30 秒

維持「4」字型，同時將下半身往左側用力倒下去。當右側腋下、右側腹有伸展開來的感覺時，就這樣保持「不動」，重覆 3 次零位訓練呼吸法（合計 30 秒）。另一側也以相同方式進行。

這樣做效果更好！

手臂往頭頂上方筆直伸展可以增加負荷。

感覺吃力時

覺得吃力的人，請將手臂斜放，負荷就會變小。

注意事項

伸展的手臂斜放後還是覺得很吃力的人，可將手肘彎曲。手臂有發麻的感覺時，請停止動作。

ZERO TRAINING-03

「隨時做」的零位訓練

側身站在牆邊，左手肘對折使腋下貼壁，右手掌壓著牆壁。左側腋下有伸展開來的感覺時，就這樣保持「不動」，重覆3次零位訓練呼吸法（合計30秒）。換個方向後，另一側也以相同方式進行。

30秒

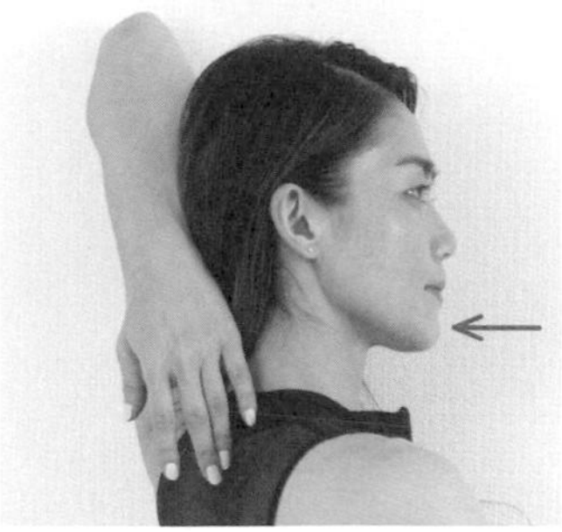

收下巴，使肩頸放鬆。

注意事項

覺得很吃力的人，手肘抬高的位置可以稍微往前。手臂有發麻的感覺時，請停止動作。

不動零位訓練

04

ZERO TRAINING-04

矯正「駝背」的零位訓練

年紀愈來愈大之後，大家總以為背部一定會逐漸弓起來，但是許多住在紐約，年過七、八十歲的高齡者，依然後背挺直、英姿颯爽地漫步街上。他們是如何擁有如此「青春洋溢的身姿」呢？

＼零位訓練／
有助改善的症狀

- 腰痛
- 背部緊繃
- 肩膀痠痛
- 內臟不適
- 腹部突出

主要出現
萎縮現象的地方
腹部

紐約客背部「直挺」的原因

駝背除了會給人不好的印象之外，在健康層面上同樣會引發嚴重問題。**「背部弓起來」，代表位於身體前側的胸部及腹部得縮起來。**這樣一來，內臟會經常處於擠壓的狀態，將影響到腸胃等器官的運作。很多人做完零位訓練後，都會跟我說他們「不再便祕了！」我認為，這就是因為背部及腰部伸展之後，內臟運作進而獲得了改善。反過來說，只要姿勢不良，甚至會引發便祕這方面的問題。

此外，駝背還會對腰部造成不良影響，尤其是坐著的時候。駝背的時候，背部須承受重力，身體會呈現由上擠壓下來的狀態，於是會壓迫腰部，形成很大的負擔。**深受慢性腰痛所苦的人，大部分都有駝背的現象。**

令人意外的是，多數住在紐約的高齡人士，背部都是直挺挺的。紐約客們相當注重健康，大家都明白「良好姿勢」有益健康。原本紐約的冬天就是極度酷寒，零下十幾二十度是很正常的事，在這片冷風刺骨的土地上，能夠昂首挺胸走在路上，實在令人欽佩。得以自然表現出這付模樣，表示他們平時都有在精實訓練及保養，所以才能維持背部直挺。

背部屬於身體當中面積相當大的部位，而且與臟器比鄰而居。誠如我再三重申的那幾句話，背部弓起來，整個身體就會由上擠壓下來，造成肩頸、腰部及膝蓋的負擔，壓扁內臟影響運作，甚至連呼吸也會變淺。

想讓自己脫胎換骨，「背部直挺挺」，堪稱生活在人生百歲時代十分重要的課題。為了預防臥床不起，讓自己永遠都能靠自己的雙腳行走，「直挺挺的背部」實在不可或缺。

請大家參考本章節為大家介紹的「不動零位訓練」，練就「不老長生的背部」，親身體會宛如生出羽翼般輕盈的身體。作法極為簡單，只需要躺在抱枕上就行了，相信做完零位訓練後，一定能讓你和僵硬痠痛的背部說再見。

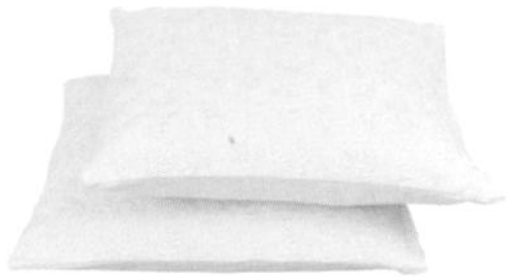

準備用品

將 2 個抱枕稍微錯開來疊放

「躺著做」的不動零位訓練

注意事項

肩頸確實貼地，下巴不能抬高，否則會壓迫到頸部後方的動脈。

30 秒

背部、腰部及臀部靠在抱枕上，雙膝立起後仰躺下來。雙手手臂於兩側打開，手掌朝上（天花板）。當背部、腰部有伸展開來的感覺時，就這樣保持「不動」，重覆 3 次零位訓練呼吸法（合計 30 秒）。

這樣做效果更好！

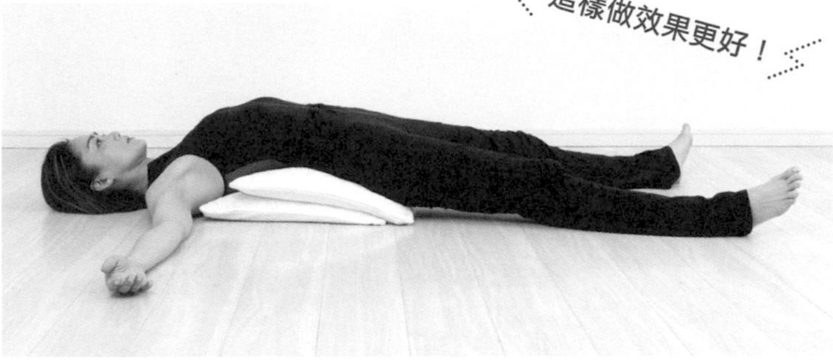

雙腳伸直，能更進一步感受到伸展的效果。

「隨時做」的不動零位訓練

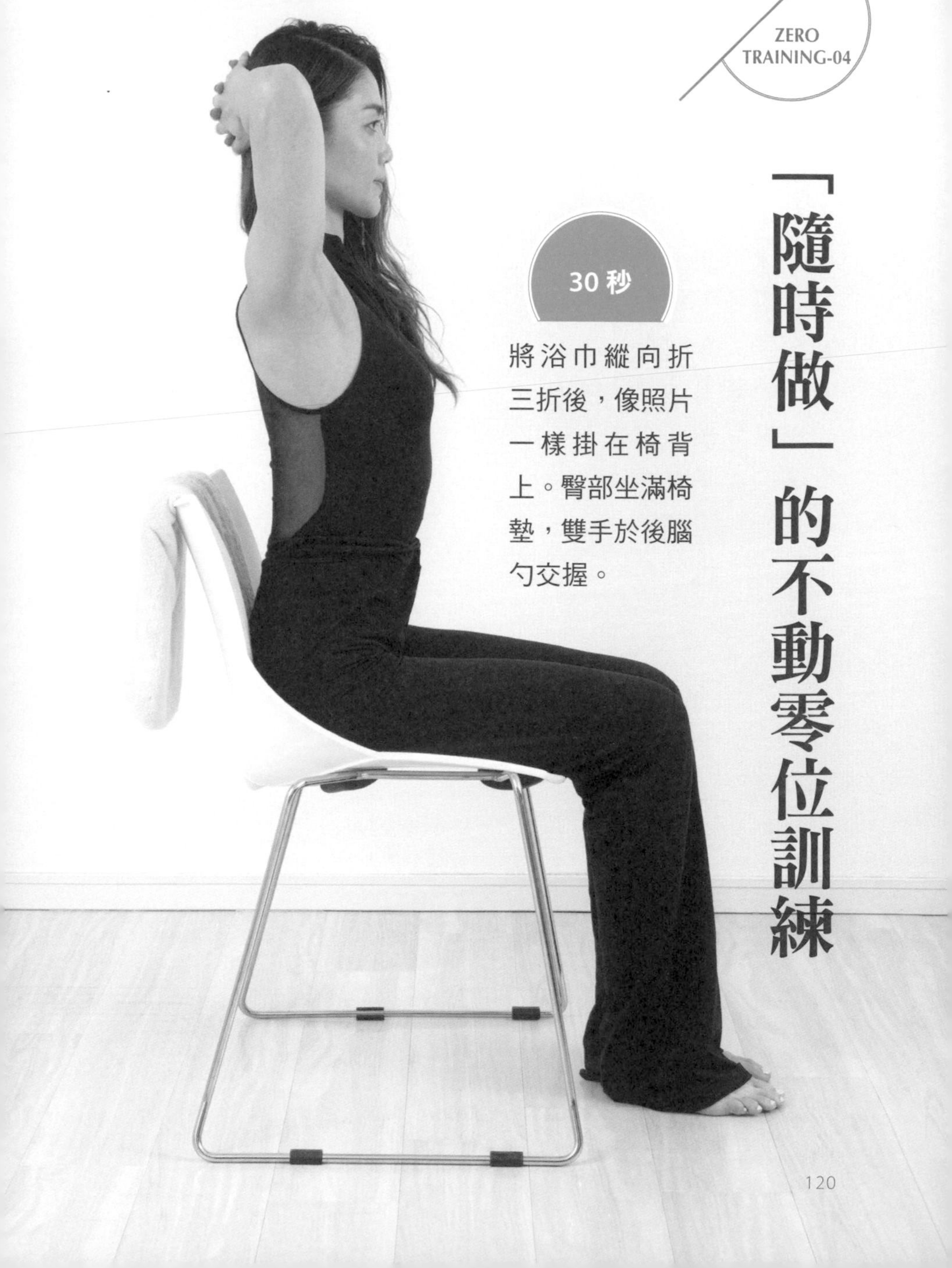

30 秒

將浴巾縱向折三折後，像照片一樣掛在椅背上。臀部坐滿椅墊，雙手於後腦勺交握。

30 秒

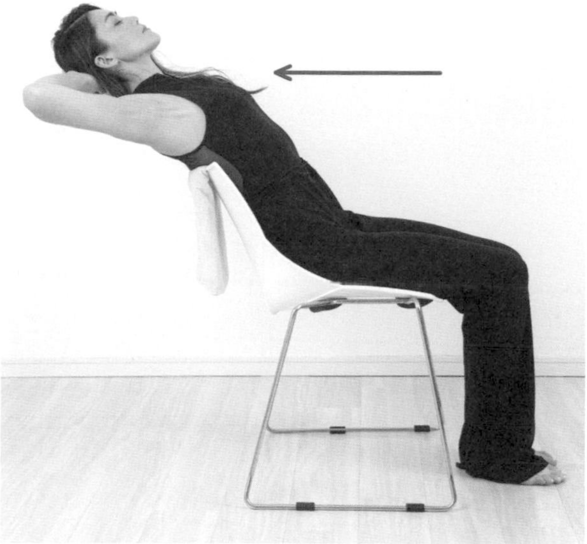

利用零位呼吸法，在吸氣 3 秒鐘、吐氣 7 秒鐘的時候，將上半身用力往後彎。就這樣保持「不動」，重覆 3 次零位訓練呼吸法（合計 30 秒）。

注意事項

雙手離開後腦勺的話，會壓迫到頸部後方的動脈，導致身體不舒服或是引發想吐的感覺，所以要特別留意。

不動零位訓練

05

ZERO TRAINING-05

矯正「彎腰弓背」的零位訓練

「腰部」算是身體的核心部位。在這世上，有太多人為腰痛所苦，或有腰使不上力的困擾。這些人的腰部，大部分都有「彎腰弓背」的現象。究竟該怎麼做，才能「腰桿挺直」，擺脫疼痛呢？

＼零位訓練／
有助改善的症狀

- 腰痛
- 膝痛
- 髖關節痛
- 背部緊繃

有些人的腰部也會極端後彎
主要出現
萎縮現象的地方
腹部、髖關節、
大腿

慢性腰痛是可以消除的

「彎腰弓背」的日文漢字寫作「丸腰」，原為不帶刀槍、手無寸鐵之意，但在本章節所謂的「彎腰弓背」，則意指不帶刀槍卻身懷著「炸彈」過生活。這裡提到的炸彈，正是「腰痛」。

腰部的零位，必須從位於臀部上方尾端的骨頭（骶骨）至脊椎完全呈現「直立」的狀態，也能換句話說，即所謂**「骶骨立起的狀態」**。

一旦這裡的零位走樣，就會彎著腰弓著背，並非「駝背」現象，而是「駝腰」。這樣一來，腹部會縮起來，**臨近腹部的髂腰肌等肌肉，會僵硬而失去柔軟度，因此才會引發腰痛**，就連腸胃的運作也會變差。

另外，受彎腰弓背影響下，髖關節及大腿也會逐漸萎縮，因此臀部會下垂，膝蓋會往前突出，體重就會落在膝蓋上。如此一來，將引發膝痛。

「要是腰不會痛就好了……。」

「如果膝蓋不會痛，日子不知道會有多好過……。」

這應該是許多人的心聲，而且這種情形不是只有中高年人才會遇到。即便是二、三十歲的年輕人，很多人也深受腰痛所苦，而且多數孕婦還會同時受到腰痛及膝痛的雙重折磨。

我有一名男性友人，他長年飽受慢性腰痛所苦。他每個月都會去給人按摩一次，按完當天腰痛會減輕，但是隔天又會再痛起來。也就是說，**一個月內有二十九天都在腰痛，只有一天不會痛**。他似乎反覆歷經這樣的生活長達十年之久，後來我教這名友人做矯正「彎腰弓背」的零位訓練後，他答應我「明天開始馬上身體力行！」一週過後，他捎來了一封電子郵件。

「第一天做完，我的腰部就感覺到前所未有的輕盈感，一週之後腰痛便完全消失了。過去我花費在按摩上的錢實在是白花了。我真的、真的很感謝妳！」

後來，我和他久別重逢時，從前他會弓起來的背部及腰部，變得直挺挺的，整個人的姿態判若兩人。

矯正「彎腰弓背」的零位訓練，作法非常簡單，而且做起來很舒服。請大家一定要來做做看，讓身體脫胎換骨，擺脫疼痛舒適度日吧！

準備用品

將 2 個抱枕稍微錯開來疊放

「躺著做」的不動零位訓練

仰躺下來，臀部靠在抱枕上，雙膝立起。雙手手臂於側邊打開，手掌朝上（天花板）。

30 秒

接下來，雙腳腳掌合十，雙膝朝外側用力打開。當膝蓋出現因重力往下降的感覺時，就這樣保持「不動」，重覆 3 次零位訓練呼吸法（合計 30 秒）。

注意事項

有腰椎椎間盤突出或髖關節痛的人，做訓練前請事先向醫生諮詢。

ZERO TRAINING-05

「隨時做」的不動零位訓練

30 秒

將浴巾縱向捲成三折後，夾在椅背與腰部之間坐好。當腰部有挺直的感覺時，就這樣保持「不動」，重覆 3 次零位訓練呼吸法（合計 30 秒）。

注意事項

有腰椎椎間盤突出的人，做訓練前請事先向醫生諮詢。

矯正「髖關節內縮」的零位訓練

髖關節的可動域比肩關節來得小，但也相對具有耐重性和穩定性，年輕時不容易受傷。不過長年累月，當髖關節的「萎縮」情形日漸加劇之後，就會受到傷害，以致於連步行都會出現困難。腰痛、膝痛，有時也是起因於髖關節的萎縮。

話說回來，究竟造成髖關節萎縮的原兇為何呢？

\ 零位訓練 /
有助改善的症狀

退化性髖關節炎

膝痛

腰痛

跌倒

風濕病

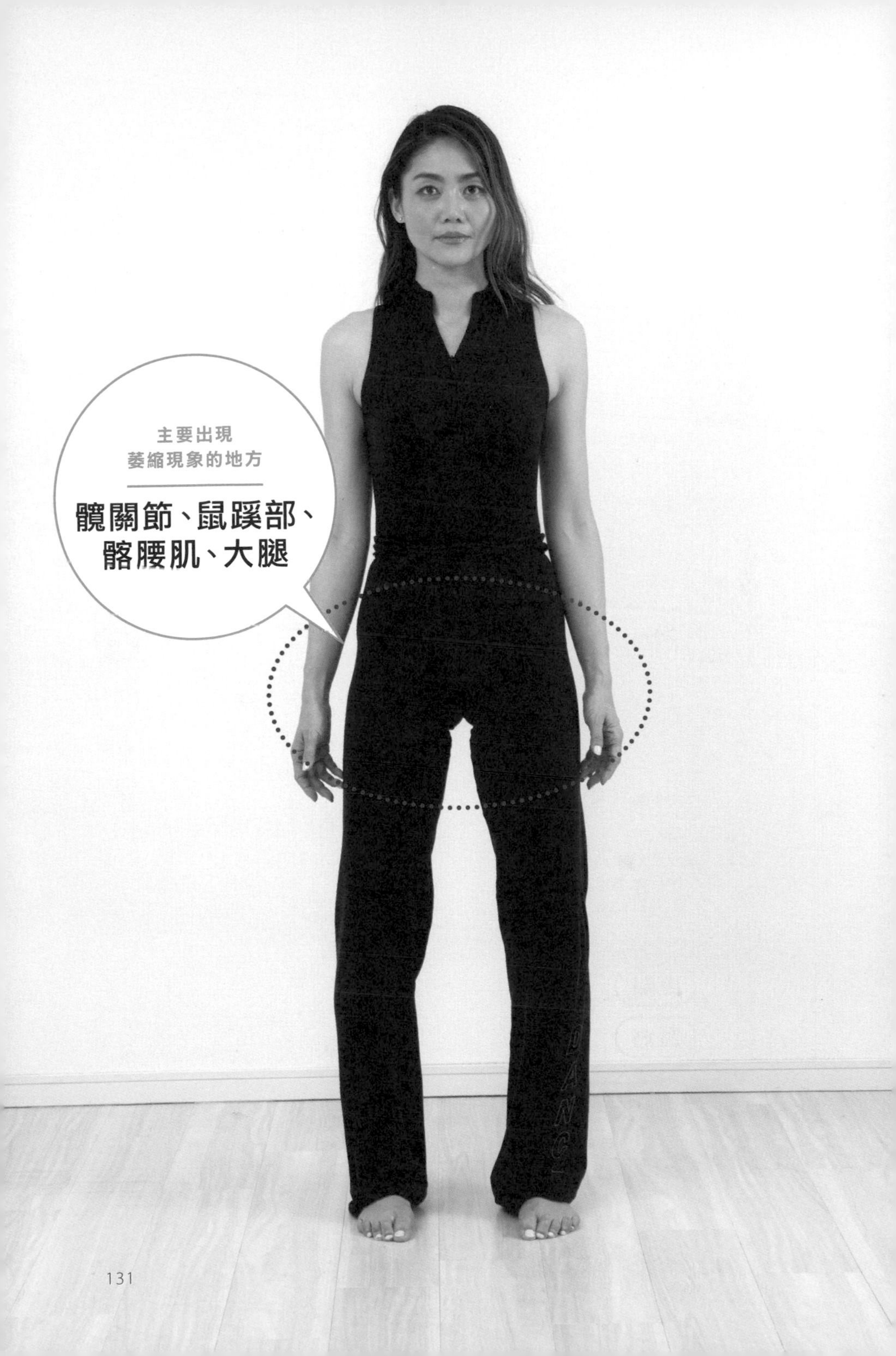
主要出現
萎縮現象的地方
髖關節、鼠蹊部、
髂腰肌、大腿

走到車站的時間節省一半？

長時間坐著再起身時，有時候髖關節前側會卡卡的，接下來得翹著屁股才能行走。坐著的時候，**鼠蹊部（左右腳根部稍微凹陷的地方）會萎縮，受到這區塊的拉扯，於是腹部（諸如髂腰肌等等）會萎縮、腰部會彎曲，且臀部會往後頂出去。**

一旦髖關節「內縮」，這種狀態就會變成一種習慣。

髖關節和肩關節等部位相較之下，原本可動域就比較窄。當髖關節朝內縮起來的話，步幅會逐漸變小，久而久之，將變成高齡者常見的「小碎步前進」。這樣一來，有時還會演變成舉步維艱，而且還會在一片平坦毫無障礙物的地方跌倒、骨折，有些人甚至會演變成臥床不起。

之前我曾指導過一名大學教授做髖關節的零位訓練，這位先生自年過六十開始，便一直感嘆「步幅變得極小」，藉由零位訓練矯正之後，步幅有了大幅改善，更語帶興奮地這樣向我說道：

「以往我從自家走到最近的車站，總是得花上二十分鐘的時間。但是自從開始做零位訓練之後，才花十分鐘就抵達車站了。真叫人不敢置信！」

聽到他的回響，我也感到非常驚訝。我想應該是在零位訓練的幫助下，步幅加大了，讓他可以比過去更加英姿颯爽地走路生風，連帶也影響到了步行速度。做零位訓練不僅能預防跌倒，還能使基礎代謝提升，相信也能看出減肥的效果。

再說，**當髖關節萎縮，對於膝蓋的負擔也會日漸增大，進而引發「膝痛」**。

之前有位和我一起上節目的藝人，一直都有膝痛的困擾。光是走路膝蓋就會嘰咯作響，可是孩子還小，還是需要抱抱的年紀，據說每次抱完孩子膝蓋都會痛到不行。

等她做完改善髖關節萎縮的零位訓練後，她站起身來說了一段話——「哇！我好久沒有像這樣，膝蓋一點異樣的感覺都沒有了！」

膝蓋會痛，並不只是因為「膝蓋」出問題。多數醫師總歸究於「老化現象」的「**退化性膝關節炎**」，同樣在改善髖關節的萎縮、養成能夠減少身體負擔的姿勢後，許多案例的疼痛現象都戲劇性地和緩下來了。

除此之外，零位訓練對於「腰痛」也能發揮功效。藉由伸展鼠蹊部之後，腹部、大腿等處也會逐漸伸展開來，因此對腰部造成的負擔會減少，使疼痛獲得改善。

甚至能練出小翹臀！

零位訓練的效果，不只是有益健康而已，還能使身材出現戲劇性的變化，尤其是「臀部」周圍。鼠蹊部萎縮，意指髖關節的「前側」往內縮，結果會發生什麼現象呢？就是「後側」會打開，總而言之，就是**臀部會「變大」**。

「屁股變大了……」，常聽見大家有這方面的煩惱，而且抱怨「屁股變成四方型」的人出乎意料地多。會變成這樣，原因除了髖關節內縮，別無其他。反過來說，**只要將前側伸展開來的話，臀部側就會縮起來，這樣一來，就能變成「小翹臀」了。**

總之，想讓步幅變大、改善疼痛，甚至想看出縮臀效果，就要做矯正「髖關節內縮」的零位訓練。切記在進行這項訓練時，一定要利用「牆壁」來做，藉此才能善用重力，同時使髖關節舒服地伸展開來。

家裡東西多，空不出牆壁可運用的人，不如趁此機會，將家裡稍微整理一下吧（笑）？

矯正「髖關節內縮」的零位訓練

ZERO
TRAINING-06

「躺著做」的不動零位訓練

準備用品

將 2 個抱枕並排在距離牆壁 20 公分遠的地方

⇓

30 秒

臀部擺在抱枕與牆壁之間，仰躺下來，雙腳貼壁立起。接下來讓雙腳任由重力慢慢地打開來。完全打開後，就這樣保持「不動」，重覆 3 次零位訓練呼吸法（合計 30 秒）。

絕對不能勉強，打開至能力範圍內即可。

×

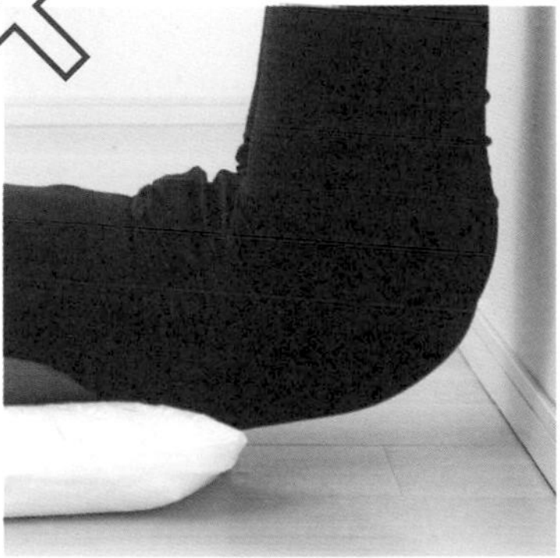

臀部離地的話腰部會一直弓起來，所以會嚴重影響到訓練效果。

◎

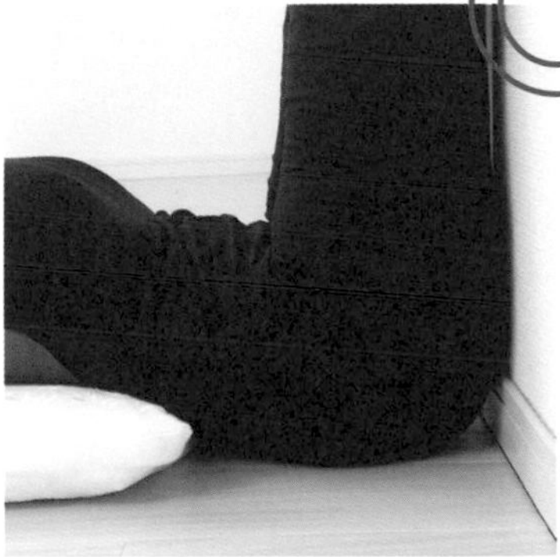

背部靠在抱枕上，臀部落在地板上，藉此使臀部下沉，「腰部立起」。這樣一來，髖關節才容易打開。

注意事項

有腰椎椎間盤突出或髖關節痛的人，做訓練前請事先向醫生諮詢。

ZERO TRAINING-06

「隨時做」的不動零位訓練

30 秒

淺坐在椅子上，雙手分別放上雙膝，髖關節打開。腰部立起，當大腿有伸展的感覺時，就這樣保持「不動」，重覆 3 次零位訓練呼吸法（合計 30 秒）。

30 秒

30 秒

接著將上半身向右扭轉，再保持「不動」，重覆 3 次零位訓練呼吸法（合計 30 秒）。另一側也以相同方式進行。

注意事項

有腰椎椎間盤突出或髖關節痛的人，做訓練前請事先向醫生諮詢。

不動零位訓練

07

ZERO TRAINING-07

矯正「膝蓋彎曲」的零位訓練

舉凡站立、步行、跑步、坐著、跳躍、爬樓梯……，做這些日常動作時，肩負重責要務的部位就是「膝蓋」。若膝蓋無法自由自在屈伸，根本沒辦法好好生活。上下階梯時，如果不希望膝蓋疼痛的話，該怎麼做才好呢？

＼零位訓練／
有助改善的症狀

- 退化性髖關節炎
- 膝痛
- 腰痛
- 跌倒
- 風濕病

主要出現
萎縮現象的地方
髖關節、大腿、
膝關節

看起來顯老都是「膝蓋」害的？

膝蓋是身體負擔最大的關節之一，例如在站立、步行、跑步、上下樓梯這些時候，承受最大「衝擊力」的部位就是膝蓋，而且也是負擔最大、可動域廣，容易一下子出問題的部位。

不過，**膝蓋也會發出「信號」，提醒自己目前身體狀態如何。**

這時候，膝蓋會藉由「疼痛」、「不適感」，發出信號告訴我們，可能是體重增加了、可能是疲勞一直累積，也可能是肌力衰退……。所以悉心聆聽膝蓋發出的聲音，就能了解自己的身體狀況。

想要使膝蓋變輕盈，就要矯正膝蓋的「方向」。許多深受膝痛所苦的人，都是因為「膝蓋」與「腳尖」沒有朝向同一個方向。比方說腳尖朝著正前方，膝蓋卻朝向外側。這樣一來，腳踝至膝蓋這個部分，就會出現**「扭轉」**情形，引發疼痛。一旦形成這種所謂的「O型腿」，就會僅有大腿「外側」的肌肉變發達，「內側」的肌肉則會不斷衰退。日後將演變成嚴重的O型腿，使得膝蓋的負擔愈來愈大。此時膝蓋後側也並非朝向正後方，而是會朝向內側。

瑜伽會出現各式各樣彎曲膝蓋的姿勢，教練在指導任何一種姿勢時，總會提醒**「膝蓋與腳尖的方向要一致」**。做瑜伽時謹記這點的人，就能練出大腿內外側的均衡肌肉，並培養出膝蓋後側朝向正後方、負擔較小的姿勢。

每次我舉辦零位訓練體驗會的時候，膝蓋一下子就伸展開來的高齡者總是絡繹不絕。體驗會只不過九十分鐘的時間，但在體驗開始之前，原本膝蓋彎曲、膝蓋後側朝內的人，轉眼間膝蓋都伸展開來，膝蓋後側也逐漸朝向正後方了。

如此一來，身材不但看起來變好了，更重要的是整個人都會年輕起來。每次看見他們的模樣，往往令我有感而發，外表顯得蒼老的最大原因，其實都是因為「彎曲的膝蓋」。所以只要膝蓋順利伸展開來，人看起來也會年輕好幾歲。

本章節要為大家介紹的「矯正膝蓋彎曲的零位訓練」，和髖關節一樣，都會使用到「牆壁」，所以這二項零位訓練接連著做會比較方便。大家一起來找回年輕吧！

「躺著做」的不動零位訓練

準備用品

將 2 個抱枕並排在距離牆壁 20 公分遠的地方

⇓

30 秒

臀部擺在抱枕與牆壁之間，仰躺下來，雙腳貼壁立起。接下來將左腳彎曲，左腳靠在右膝上，呈現「4」字型。用左腳壓著右膝，就這樣保持「不動」，重覆 3 次零位訓練呼吸法（合計 30 秒）。另一側也以相同方式進行。

這樣做效果更好！

伸直的那隻腳「腳尖」朝下，可以增加負荷量。

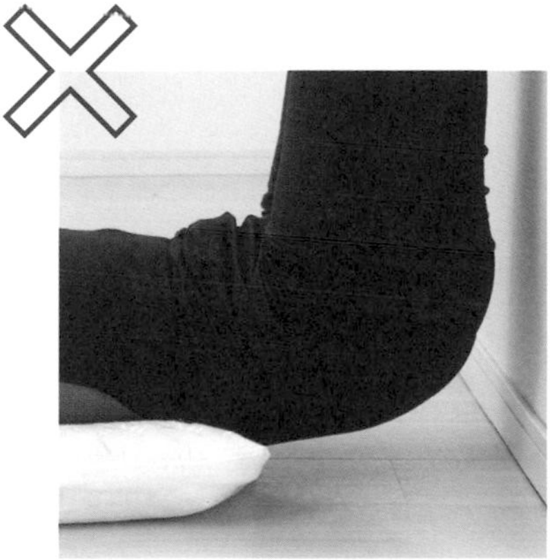

臀部離地的話腰部會一直弓起來，會嚴重影響到訓練效果。

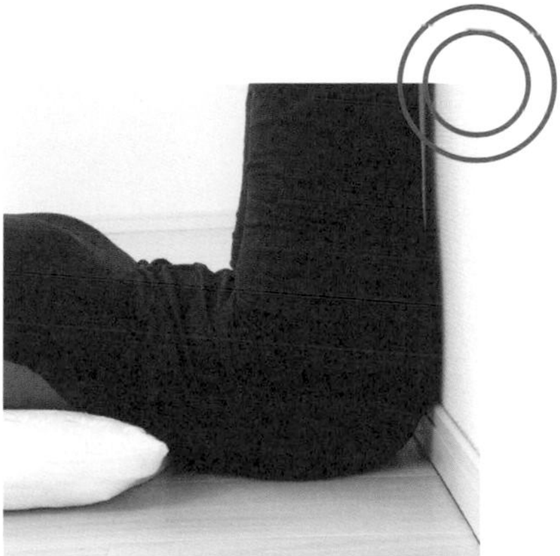

背部靠在抱枕上，臀部落在地板上，藉此使臀部下沉、「腰部立起」。這樣一來，膝關節才容易伸展。

注意事項　有膝關節炎、髖關節痛的人，做訓練前請事先向醫生諮詢。

ZERO TRAINING-07

「隨時做」的不動零位訓練

30 秒

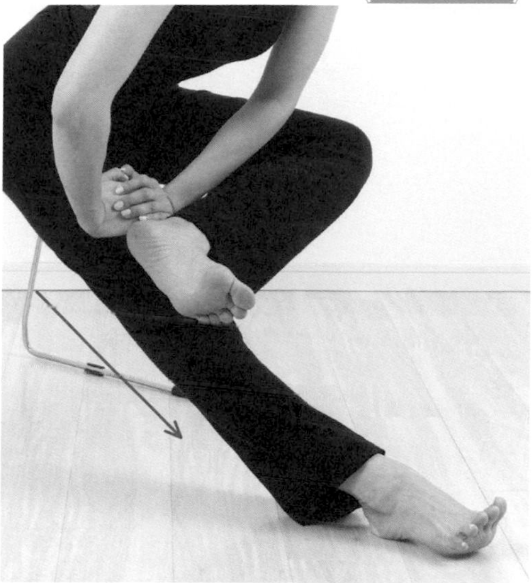

淺坐在椅子上，將左腳靠在右膝上，呈現「4」字型。雙手壓著右大腿，當膝蓋後側有伸展的感覺時，就這樣保持「不動」，重覆 3 次零位訓練呼吸法（合計 30 秒）。另一側也以相同方式進行。

注意事項

有膝關節炎、髖關節痛的人，做訓練前請事先向醫生諮詢。

不動零位訓練

08

ZERO TRAINING-08

矯正「腳趾抓地」的零位訓練

通常在站立或步行時，唯一與地面接觸的部位，就是「足部」。明明是支撐全身相當重要的部位，然而平時卻鮮少受人關注。然而，腳掌及腳趾的柔軟度卻是舉足輕重，才能讓我們靠自己的雙腳走到漫長人生的最後一刻喔！

\ 零位訓練 /
有助改善的症狀

- 膝痛
- 腰痛
- 髖關節炎
- 母趾外翻
- 跌倒（包括在步行、起身時都容易發生）
- 骨盆歪斜
- 肩頸痠痛
- 水腫、手腳冰冷

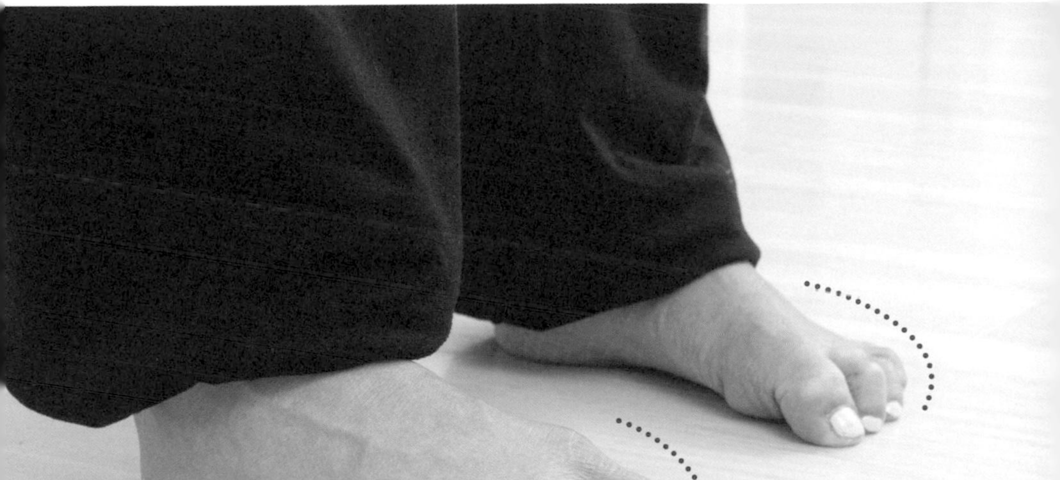
主要出現
萎縮現象的地方
腳掌、腳趾、
小腿肚、腳踝

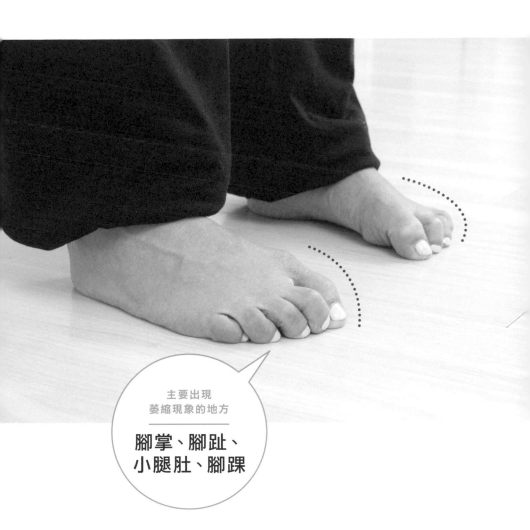

放鬆腳掌，為身體打好基礎

本書最後登場的部位，就是「足部」，這裡是支撐全身重量最重要的所在。

很多人的腳趾都呈現萎縮抓地，僵硬弓起來的狀態。**穿著鞋子的時間一久，雙腳在鞋內就會受到侷限，於是才會萎縮起來。**尤其是常穿高跟鞋的女性，這種傾向特別顯著。

足部原本具有二大作用：

1. 作為支撐全身的「基石」。
2. 作為吸收衝擊力的「緩衝材」。

第一點所謂的「基石」，意指站立時唯一與地面接觸的部位，就是腳掌，必須靠這個部位支撐全身重量。因此「雙腳必須穩健踏地」，否則會失去平衡，甚至會使人跌倒，所以足部堪稱賦予身體「穩定性」的部位。

第二點提及的「緩衝材」，是在說步行、跑步、跳躍等動作時，假使腳掌或腳趾缺乏柔軟度的話，便無法緩和並吸收與地面接觸時的衝擊力道。然而，腳掌及腳趾萎縮就會喪失柔軟度，如此一來便無法緩和衝擊力道，恐會造成身體各方面的損害。

此外，**一旦腳掌及腳趾萎縮，受其拉扯下，阿基里斯腱、小腿肚等處也會萎縮，使得腳踝為主的部位會卡卡的，形成「受限制的狀態」**。

大家不妨回想一下大樓的「隔震建築」，就能聯想出上述狀態。建築物會有適度「搖晃」的結構設計，以便在發生地震等狀況時，得以吸收這部分的衝擊力。假如沒有設計成這種結構，當地震發生時將無法吸收衝擊力，建築物就會出現裂痕或崩壞。

事實上，身體也會出現與建築物相同的情形。當腳掌及腳趾萎縮，以腳踝為主的部位受到侷限之後，步行或跑步時便無法吸收衝擊力，因此身體才會感到疼痛。例如腰會突然痛起來，或是走路時膝蓋隱隱作痛，還有一點小動作頸部就會痛的人，可能你的腳掌及腳趾已經萎縮了。

接下來要介紹的「不動零位訓練」，作法非常簡單，只需要蹲下來雙膝靠攏，伸展腳掌即可。萎縮情形愈嚴重的人，一開始做可能會「痛到唉唉叫」，但是做完這項零位訓練之後，再試著到附近走一走，相信你能體會到下半身久違的輕盈感覺喔！

準備用品

使用 1 個抱枕

「隨時做」的不動零位訓練

30 秒

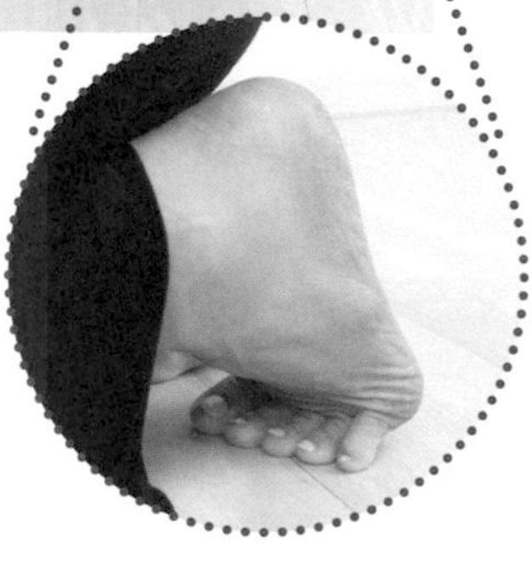

雙膝放在抱枕上，腳掌朝後，腳尖立起。當腳掌有伸展的感覺時，就這樣保持「不動」，重覆 3 次零位訓練呼吸法（合計 30 秒）。

這樣做效果更好！

拿掉抱枕可以
增加負荷。

**想再進一步
強化效果！**

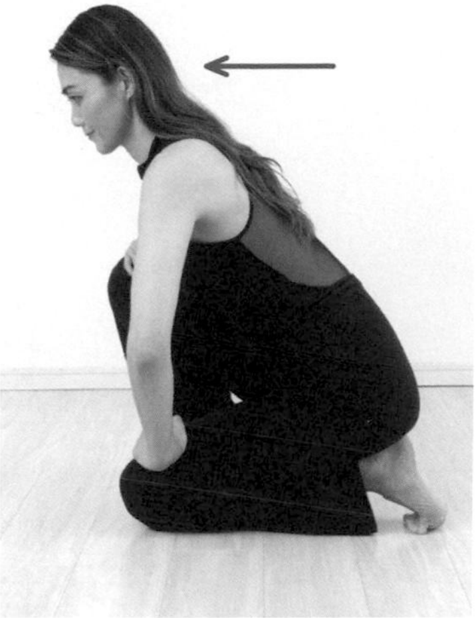

單腳分開做，前傾角
度愈大的話，負荷就
會進一步加大。

注意事項 雙腳發有發麻的感覺時，請停止動作。

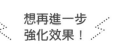

只動一公分的零位訓練

前面章節為大家介紹了「不動」零位訓練，最後再讓我為大家介紹，身體「只動一公分」的零位訓練。區區「一公分」，卻代表著十分重要的意義。練習時，只需要仰躺下來，雙膝立起後夾著抱枕，將臀部抬高「一公分」即可。

這項零位訓練的最大重點，在於能夠鍛練到「**核心肌群**」。藉由先前為大家介紹過的「不動零位訓練」改善身體萎縮現象之後，就能改善姿勢。但是，**想要維持這個「良好姿勢」**，**身體內部的肌肉必須一直撐住才行**，此時就得靠「核心肌群」肩負這項職責。

所以，做完「不動零位訓練」之後，請再做這項「只動一公分的零位訓練」。才能經常維持良好姿勢，使健康壽命不斷延續下去。

「只動一公分的零位訓練」，成效不僅是強化核心肌群，還能鍛練到大腿內側的內收肌群，所以**「腳會纖細」**；這項練習也能鍛練到臀部，因此能變成**「小翹臀」**；甚至可以鍛練到骨盆底肌與腹肌，讓**「腰圍小一圈」**，並具有預防**「尿失禁」**的效果；甚至產後鬆弛的骨盆，也能發揮**「縮骨盆」**的功效。

只需要動一公分，就能獲得健康和減肥的雙重功效，當然非做不可。順便告訴大家，只動一公分的零位訓練我自己也已經持續做了十三年之久。

現在馬上來為大家介紹如何進行。

準備用品

使用 1 個抱枕

只動一公分的零位訓練

雙腳夾抱枕的理由

夾著抱枕才能鍛鍊到大腿內側的內收肌群及腹肌，達到瘦腳、小臀、腰圍小一圈的效果。

重覆 3 次

仰躺下來，雙膝立起夾著抱枕。利用零位呼吸法吸氣 3 秒鐘，再花 7 秒鐘吐氣同時使腹部凹陷，吐完氣的當下緊縮肛門，將臀部抬高 1 公分即可。臀部抬高後吸氣 3 秒鐘，再花 7 秒鐘吐氣同時放下。放下時，想像一下從臀部上方部位、中間部位，最後才是下方部位（尾骨）依序貼地。這個動作重覆做 3 次。

注意事項

臀部抬得太高會導致腰痛，所以要避免抬得太高。

訓練結束後，
最後請站直，重心落在腳跟。
「良好姿勢」就此鍛鍊完成。
大家在日常生活中，切記要用心維持這個姿勢。

終章

回歸身心的「零位」

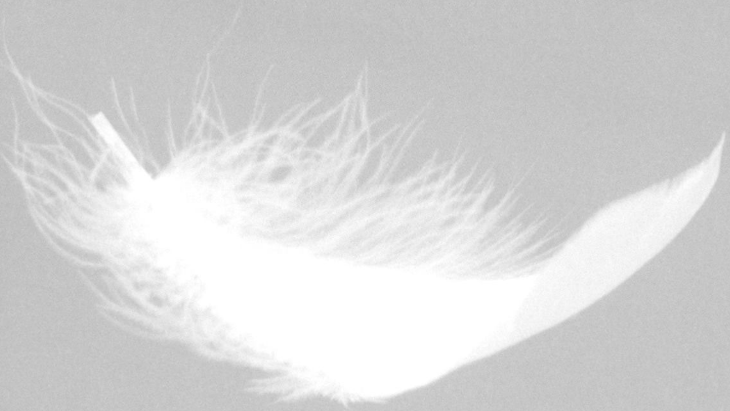

讓心靈跟著身體一同放鬆歸位

當初在研發「不動零位訓練」時，是為了避免勉強做運動導致身體疼痛的危險性，也想讓每個人有一套天天都能做的「身體保養法」。

「活動身體」絕非簡單之事，總有幾天身體會累到不行，有些日子身體會感覺不適，甚至於有的人上了年紀，還有一些人身體不太方便。我希望也能幫助到這些人，使他們能盡可能舒適自在地度過每一天，於是才會鑽研出「不動零位訓練」，讓大家從頭做到尾都會覺得「很舒服」。

其實進行「不動零位訓練」除了對「身體」有益之外，還能保養到一個部位，那就是「心靈」。

我們的內心，並不會一直平靜如水，不時會出現憤怒、不安、悲傷、寂寞等情緒，波瀾四起。裝了水的瓶子裡，會摻入泥、砂、垃圾，一晃動就會「混濁成一片」，這就是心靈欠缺保養的狀態。愈是晃動，愈是混濁。但是將這個水瓶暫時「靜置」之後，會出現什麼變化呢？沉重物質會沉澱，輕盈浮游物會浮起，出現分離現象。如此一來，水會變得清澈，甚至能看穿瓶身。

與某人爭執過後，暫時「靜置」一下，有時就會開始反省自己，也會萌生體諒對方的心情，變得能夠問口向對方說聲「對不起」。

「靜置」。

藉由這種方式，就能使自己鎮定情緒，心生原諒，勉勵振起。不慌不忙，「等候」自己片刻，內心就會回復平穩。我將這種狀態，稱之為「心的零位」。

練習身體掃描冥想，擺脫緊繃和萎縮

為了使身體放鬆，因此不動零位訓練主要都是「躺著」進行。前文也提過，關於檢測身體「何處萎縮」的最佳方式，也會以「仰躺」的狀態，檢視地板與各部位之間的「空隙」。

「仰躺」——事實上正是「內心歸零」的終極姿勢。有一種冥想法稱作「身體掃描冥想」。人往往會在不知不覺間呈現「過度緊繃」的狀態，日常生活總是強行讓身體某個部位沒必要地緊繃起來。即便在身體應當放鬆下來，切換至「關機」狀態下的場合，還是讓自己一直處於「開機」的狀態。所以才需要做「身體掃描冥想」，以排除這種緊繃狀態，使身體回歸「關機」狀態。

閉上雙眼，盡可能放鬆下來，由下而上逐一檢查腳尖、小腿肚、膝蓋、大腿、臀部、腰部、背部、腋下、肩膀、頸部、頭部等每一部位的狀態。

「身體掃描冥想」可以用任何一種姿勢進行，不過還是以「仰躺姿」最容易徹底了解自己的身體狀態。愈是緊繃的部位，感覺愈是遲鈍，因為會「無法緊貼」地面。

再說，躺著也方便檢視「左右差距」。

藉此發現「緊繃部位」之後，再放輕鬆反覆進行零位訓練呼吸法，一面想像著讓自己回歸到沒有一處緊繃的「零位」狀態。我也建議大家，可以實際在該部位做「不動零位訓練」，同時進行身體掃描冥想。

從「開機」到「關機」；從「正數」到「零位」。

「躺著，不動」，以便身體掃描冥想，擺脫身體緊繃現象，甚至讓「心」也能輕鬆起來。這就是「不動零位訓練」的精髓，也正是「讓心靜置」的時間。

上瑜伽課時，在最後的五分鐘會讓大家一起躺下來閉上眼睛，留一段時間讓大家放鬆。這個仰躺下來的姿勢叫作「攤屍式」，在為數眾多的瑜伽姿勢中，也被稱之為「終極的鬆弛姿勢」。

「不動零位訓練」的基本概念，就是由這個「攤屍式」衍生而來。全身上下完全不出力，保持不動，以放鬆的狀態，讓身心都能像生出羽翼一般。沒錯，正如同信天翁不拍動翅膀，優雅地在天空滑行一樣。就從今日起褪去所有的「負重」讓心展翼，飛向零的世界！

石村友見

HealthTree
健康樹　健康樹系列 138

修身顯瘦・釋放疼痛の不動零位訓練

動かないゼロトレ

作　　者　石村友見
譯　　者　蔡麗蓉
總 編 輯　何玉美
主　　編　紀欣怡
責任編輯　謝宥融
封面設計　張天薪
版型設計　葉若蒂
內文排版　許貴華

出版發行　采實文化事業股份有限公司
行銷企畫　陳佩宜・黃于庭・馮羿勳・蔡雨庭・王意琇
業務發行　張世明・林踏欣・林坤蓉・王貞玉・張惠屏
國際版權　王俐雯・林冠妤
印務採購　曾玉霞
會計行政　王雅蕙・李韶婉
法律顧問　第一國際法律事務所　余淑杏律師
電子信箱　acme@acmebook.com.tw
采實官網　www.acmebook.com.tw
采實臉書　www.facebook.com/acmebook01

I S B N　978-986-507-097-7
定　　價　330 元
初版一刷　2020 年 4 月
劃撥帳號　50148859
劃撥戶名　采實文化事業股份有限公司
10457 台北市中山區南京東路二段 95 號 9 樓
電話：(02) 2511-9798　傳真：(02) 2571-3298

國家圖書館出版品預行編目資料

修身顯瘦　釋放疼痛の不動零位訓練 / 石村友見作 ; 蔡麗蓉譯 . -- 初版 . -- 臺北市 : 采實文化 , 2020.04
面 ; 公分
ISBN 978-986-507-097-7(平裝)
1. 塑身 2. 健身操
425.2　109001706

采實出版集團 ACME PUBLISHING GROUP

廣	告	回	信
台北郵局登記證			
台北廣字第03720號			
免	貼	郵	票

采實文化 采實文化事業有限公司

104台北市中山區南京東路二段95號9樓

采實文化讀者服務部　收

讀者服務專線：02-2511-9798

健康樹系列
專用回函

Health Tree
健康樹

修身顯瘦‧釋放疼痛の不動零位訓練

讀者資料（本資料只供出版社內部建檔及寄送必要書訊使用）：

1. 姓名：
2. 性別：□男　□女
3. 出生年月日：民國　　　年　　　月　　　日（年齡：　　　歲）
4. 教育程度：□大學以上　□大學　□專科　□高中（職）　□國中　□國小以下（含國小）
5. 聯絡地址：
6. 聯絡電話：
7. 電子郵件信箱：
8. 是否願意收到出版物相關資料：□願意　□不願意

購書資訊：

1. 您在哪裡購買本書？□金石堂（含金石堂網路書店）　□誠品　□何嘉仁　□博客來
   □墊腳石　□其他：________________（請寫書店名稱）
2. 購買本書日期是？______年______月______日
3. 您從哪裡得到這本書的相關訊息？□報紙廣告　□雜誌　□電視　□廣播　□親朋好友告知
   □逛書店看到　□別人送的　□網路上看到
4. 什麼原因讓你購買本書？□喜歡料理　□注重健康　□被書名吸引才買的　□封面吸引人
   □內容好，想買回去做做看　□其他：________________（請寫原因）
5. 看過書以後，您覺得本書的內容：□很好　□普通　□差強人意　□應再加強　□不夠充實
   □很差　□令人失望
6. 對這本書的整體包裝設計，您覺得：□都很好　□封面吸引人，但內頁編排有待加強
   □封面不夠吸引人，內頁編排很棒　□封面和內頁編排都有待加強　□封面和內頁編排都很差

寫下您對本書及出版社的建議：

1. 您最喜歡本書的特點：□圖片精美　□實用簡單　□包裝設計　□內容充實
2. 關於修身顯瘦的訊息，您還想知道的有哪些？

____

____

3. 您對書中所傳達的步驟示範，有沒有不清楚的地方？

____

____

4. 未來，您還希望我們出版哪一方面的書籍？

____

____